供水丰碑

——口述东深供水历史

广东省水利厅 组编

中国水利水电出版社

www.waterpub.com.cn

·北京·

内 容 提 要

东深供水工程是党中央为解决香港同胞饮水困难而兴建的跨流域大型调水工程。本书通过对近50名东深供水工程建设、管理运行守护者进行访谈口述，多角度、全景式展示东深供水工程的建设发展历程，以及建设者甘于奉献的崇高精神，成为学习、宣传"时代楷模"东深供水工程建设者群体先进事迹的重要载体，也为全面了解对港供水打开一扇崭新窗口。

图书在版编目（ＣＩＰ）数据

供水丰碑：口述东深供水历史 / 广东省水利厅组编
. -- 北京 : 中国水利水电出版社，2021.12
ISBN 978-7-5226-0128-1

Ⅰ．①供… Ⅱ．①广… Ⅲ．①给水工程－历史－广东
Ⅳ．①TU991

中国版本图书馆CIP数据核字(2021)第209462号

书 名	供水丰碑——口述东深供水历史 GONGSHUI FENGBEI —— KOUSHU DONGSHEN GONGSHUI LISHI
作 者	广东省水利厅 组编
出 版 发 行	中国水利水电出版社 （北京市海淀区玉渊潭南路 1 号 D 座 100038） 网址：www.waterpub.com.cn E-mail：sales@waterpub.com.cn 电话：（010）68367658（营销中心）
经 售	北京科水图书销售中心（零售） 电话：（010）88383994、63202643、68545874 全国各地新华书店和相关出版物销售网点
排 版	中国水利水电出版社装帧出版部
印 刷	天津画中画印刷有限公司
规 格	170mm×240mm 16 开本 24.25 印张 292 千字
版 次	2021 年 12 月第 1 版 2021 年 12 月第 1 次印刷
定 价	148.00 元

本书编委会

主　　　任：王立新

副　主　任：蔡泽辉　潘　游　陈仁著

委　　　员：孟　帆　卢千里　卢华友　邹振宇

　　　　　　刘中春　邝明勇　朱　军　张　辉

主　　　编：邹锦华

副　主　编：金　涛　耿华卫　戎壮强　丁　力

　　　　　　陈　柬

编　　　辑：陶丽琴　吴凤思　侯向学　曾文凡

　　　　　　王容君　宋海岩　寇　磊　钟　炜

　　　　　　彭秋员　邱雨雨

序

2021 年 4 月 21 日，中共中央宣传部授予东深供水工程建设者群体"时代楷模"称号，褒扬他们是建设守护香港供水生命线的光荣团队，号召全社会学习英雄、争做先锋。

20 世纪 60 年代，来自珠三角地区的上万名建设者，响应党的号召，克服施工装备落后、5 次强台风袭击等重重困难，通过人工开挖、肩挑背扛等方式，开山劈岭、凿洞架桥、修堤筑坝，仅用一年时间就建成了规模宏大的供水工程。20 世纪 70 年代至 2003 年，工程又先后进行了四次大的扩建、改造，供水能力提升至建设初期的 30 多倍。经过 50 多年精心建设守护，东深供水工程满足了当前香港约 80%、深圳约 50%、东莞沿线 8 镇约 80% 的用水需求，成为保障香港供水的生命线，增进了香港同胞的民生福祉，支撑了香港的繁荣稳定和社会发展，也为深圳经济特区实现跨越式发展提供了坚实的供水安全保障。

一代代东深供水工程建设者不忘初心、牢记使命，敢于创新、接续奋斗，充分彰显了他们忠于祖国、心系同胞的家国情怀，勇挑重担、攻坚克难的使命担当，不畏艰苦、甘于付出的奉献精神。他们的真挚爱国情怀，感召了广大香港民众饮水思源、爱国爱港。

为学习、宣传东深供水工程建设者群体先进事迹，传承、弘扬其崇高精神，广东省水利厅对近 50 名东深供水工程建设、管理运行守护者进行采访，记录他们的感人故事，深入挖掘东深供水工程建设者群体的先进事迹，全景式展示东深供水工程的建设缘由、发展历程和生动场景。口述者有东深供水首期工程，一期、二期和三期扩建工程，东深供水改造工程等各个时期的建设者以及工程管理者，也有香港发展局、水务署相关人员及多位原署长。他们以不同的视角、真挚的感情、平实的语言，把东深供水工程建设管理的光辉历程为我们娓娓道来。让我们与"时代楷模"东深供水工程建设者群体代表共同追忆那激情燃烧的峥嵘岁月，共同感受他们甘于奉献的崇高精神。

记录历史，启迪当下，开创未来，正是本书的意义所在。

广东省水利厅党组书记、厅长

前　言

一泓东江水，深情润香江。

东深供水工程是党中央为解决香港同胞饮水困难而兴建的跨流域大型调水工程。该工程北起广东省东莞桥头镇东江河段，南至深圳水库，全长 83 公里。其中首期工程建有 6 个拦河坝、8 个梯级抽水站、51 公里石马河道、13 公里沙湾河道、3 公里新开河、16 公里人工渠道、2 个调节水库。东江水引到深圳水库后，再经过 3.5 公里管道接入香港供水系统。

该工程于 1964 年 2 月动工，1965 年 3 月 1 日建成正式对香港供水，年供水量 6820 万立方米。1974 年到 2003 年，工程先后进行三次扩建与一次改造。改造后，东深供水工程从首期的 83 公里变成 68 公里，抽水泵站由 8 级变成 4 级，而且实现了清污分流，供水的量和质得到全面提升，年供水能力提升 30 多倍。

截至 2021 年，工程担负着香港、深圳、东莞 2400 多万居民生活、生产用水重任，保障香港约 80%、深圳约 50%、东莞沿线 8 镇约 80% 的用水需求。

东深供水工程自建成以来，对香港供水从未间断，为香港的繁荣稳定、深圳和东莞经济社会高质量发展作出了重要贡献。

编者

2021 年 10 月

东深供水工程历史与现状示意图

一渠清水，长吟慈母摇篮曲。
千秋伟业，见证浓浓家国情。

扫描看口述者口述视频

目　录

一、香港水荒

香港，三面环海，淡水奇缺，水荒频现。

历史上，香港淡水来源基本靠本地雨水，历来无法满足用水需求，旱灾、水荒，如影随形，几乎年年出现。特别是1963年发生历史罕见水荒，市民只好到街边公共供水站取水，最严重时每4天供水一次，每次4小时。找水挑水成为市民每天最重要的工作，就连年幼的孩子也加入挑水行列，用稚嫩的臂膀扛起全家用水，场面令人心酸。

为缓解用水困难，港英政府在广东的支持下，派出轮船到珠江口装运淡水，1963年6月到1964年3月，共派出轮船约1100艘次。受水荒影响，香港织造业及漂染业减产30%至50%，饮食业遭受致命打击，市民苦不堪言，度日如年，成千上万人被迫逃离家园。

直至1965年3月1日东深供水工程建成对港供水，香港严重缺水的历史被改写，水荒才慢慢淡出人们的记忆。

同饮一江水，情义两心知

◆口述者：连登泰（香港）

今日香港，是一个充满活力的国际金融中心，经济民生和城市建设不断发展和完善。能够在短短几十年间，成功地从一个渔港蜕变成一个国际大都会，除了有赖于每一个香港市民的奋斗和努力外，确实与一套可靠的供水系统的建立和发展息息相关。

或许，对现在享受着一年 365 天、每天 24 小时源源不断供水的香港市民来说，打开水龙头就有清洁的食水是一件理所当然的事。然而，历史上香港曾经长期饱受制水（限制用水）之痛、水荒之苦，最严重的时期，每 4 天只供水一次，每次供水只有 4 小时。水荒给当时的经济民生带来重大的打击。直到 1965 年东深供水工程建成启用，东江水开始供港，才补足香港的供水缺口，支撑着香港近半个世纪的飞跃发展。

1963 年香港水荒期间，年幼的小孩也加入挑水行列。（图源：《点滴话当年——香港供水一百五十年》）

1929 年旱灾，令数以万计居民失去工作

香港地少人多，天然资源匮乏。在东江水供香港以前，香港的食水供应主要依靠本地集水区所收集的雨水。随着香港人口不断增

长和经济日益发展，对食水的需求愈益增加，本地水资源已经不足以满足社会发展的需要。

从 1928 年 10 月到 1929 年 4 月，香港只录得 122 毫米的降雨量。更甚者，到 1929 年的雨季，水塘存量仍未有改善，除了香港岛的大潭笃水塘外，其他水塘均告干涸。于是在 1929 年 4 月，香港实施极度严紧的配给式供水措施，每人只准以两个 4 加仑（18 公升）水桶从公众街喉（街道上的公共供水

1963 年香港大旱，市民在排队等水。（口述者供图）

站）取水。虽然没有硬性规定每人每天只可排队取水一次，但由于轮候时间漫长，每人实际上在半天内亦只有一次机会能把两个水桶载满。

当年的旱灾，令数以万计居民失去工作，超过 7 万人离开香港。港英政府亦因此认识到需要作出更多长远的计划，以防范及应付缺水问题。

1963 年严重旱灾，无奈制水重创各行各业

经历了 1929 年的大旱灾，香港市民认识到稳定的供水并非必然，

3

亦驱使港英政府不断斥资修建水塘收集雨水，可惜这些举措都没法彻底解决供水问题，遇到大旱时也是照旧闹水荒。随着人口数量不断增长，香港缺水问题日益严重。1963年，长达一年多的严重干旱，让当时350万香港市民干渴难耐，连饮水洗澡都成问题。

1963年，香港全年降雨量只有901毫米，远低于每年平均约2400毫米的降雨量，水塘存水量亦不断减少。港英政府无奈于1963年5月2日开始实施制水，公众每日只获供水3小时；至5月16日，进一步收紧制水措施至隔天供水4小时；到了6月1日，水塘储水量下降至79万立方米，仅占水塘总容量的1.7%，公众只能获每4天供水一次，每次只有4小时，这项最严厉制水措施持续接近一年，直到1964年5月27日强台风吹袭香港带来滂沱大雨才得以取消。制水期间，由于每家每户都同时取水，令水压过低，往往引致楼上的住户没法得到饮用水供应，有些楼上的住户会被迫开窗大喊："楼下闩水喉呀！"一些住户甚至需要到街上轮候取水，轮候时屡屡造成争执。而"楼下闩水喉"也因此成了当时一句富有特色的香港常用语。

酷热的天气、缺水、卫生环境恶化，导致疾病蔓延。1963年6月28日，香港出现了第一宗霍乱个案，至年底共录得115宗。为改善公众卫生，港英政府开设了116间公共浴室，亦每天派遣13部水车运送约455立方米井水供应各浴室所需。此外，政府更大力宣传节约用水，停止供水给耗水量大的设施，关闭公厕、泳池和体育馆，停止向外来船舶提供或出售食水，暂缓慢性疾病外科手术等。1963年，政府就浪费食水制定条例，轻犯者罚款数百元至数千元，并被终止供水，严犯者可被判入狱，目的在迫使市民能认真地节约用水。

制水期间，民间也自发地推行不少节约用水方法，可谓层出不

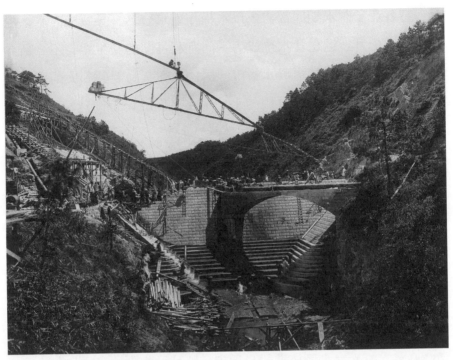

图为建设中的香港九龙副水塘。（口述者供图）

穷。从个人乃至各行各业所实行的节省措施，反映出整个社会万众一心，竭力节水。乡村地区居民改吃用水量较少的面团，而城市的居民则增加食用罐头食品，减少煮食用水的需求。一些学校取消体育课，以免增加洗澡的次数。上班族尽量不穿白色衣物，因白色不耐脏。有酒楼为节省用水，向每位光顾茶客派发三枚冲茶用的"水筹"（凭票加水的票据），硬性规定顾客最多可加热开水三次。多个宗教团体亦分别号召信众于全港各地举行祈雨的宗教仪式，希望天降甘霖，解决水荒。

　　旱灾令当时的渔农业遭受严重打击，农地和鱼塘干涸。此外，旱灾亦重创工商业，多个行业减产或停产，导致有数以十万计的工人受到影响。也许制水的最大得益者是水桶制造商，因为所有家庭及各行各业于制水期间都需要以水桶作盛水容器,导致当时水桶的销量急剧上升。运送食水也成为一门有利可图的新生意,不少新界村民借此机会运载井水贩卖给市区居民,亦有渔船驶到大屿山等地寻找溪流和瀑布收集可食用的水。水在市区的售价高达每桶港币5元,较旱灾前的价格高出50倍。

1963年至1964年间,由于香港旱情严峻,在广东省政府的支持下,港英政府在1963年安排了十余艘油轮从珠江口运载淡水到香港。这些轮船一个月内共输入150多万立方米的淡水到香港,即平均每天5万多立方米,这十余艘油轮一年内往来珠江口1000多次。除政府租用油轮运载食水外,其他商船亦捐出在船上制造的蒸馏水,或从海外带来的食水。根据不完全的记录,1963年5月底至6月底,经商船入港的食水达10000多立方米。1963年至1964年间,共有76000多立方米食水经访港船只运到,显示香港缺水问题非常严重。

东江之水越山来,昔日渔港实现美丽蜕变

然而,以船舶远道取水终非长久之计,真正解决香港用水痛点的是东深供水工程的兴建。

其实早于1960年,港英政府已经意识到单单依赖在本地收集雨水,并不能满足急剧增长的饮用水需求。向广东省购买淡水,是最便捷的解决方案。1960年11月15日,港英政府与广东省政府就输水安排达成第一份协议,广东省政府每年从深圳水库供应2270万立方米淡水给香港。一条长约16公里,由文锦渡到大榄涌引水道的输水管迅速建成,于同年12月开始输送淡水到香港。

1963年,港英政府和广东省政府达成共识,并在同年年底,经周恩来总理亲自批准,由中央人民政府拨专款兴建东深供水工程。

为了帮助香港当时 300 多万市民解决这个重大民生问题，上万名建设者不舍昼夜，拼命施工，在短短 11 个月时间内就建成了长达 83 公里的东深供水工程，创造了当时水利工程建设的奇迹。

1965 年 3 月 1 日，该工程正式投入使用，东江水奔流入港。香港社会及经济的发展从此不再受供水量不足的牵制，香港开始步入发展的快车道。1964 年，香港本地生产总值为 113.8 亿港元，到了 1996 年达到 11600 亿港元，32 年间增长了 100 多倍，成为耀眼的"东方之珠"。东深供水工程助力香港经济腾飞功不可没！

东深供水工程首期计划对香港年供水量为 0.682 亿立方米，但随着香港和东深供水工程沿线城市的快速发展，用水需求不断提升，广东省亦投入巨额资金，先后对东深供水工程进行了三次扩建和一次改造，全面保障香港用水。

随着供港的水量不断提升，在 1982 年 5 月实施了最后一次限制供水后，在香港实行了多年的制水措施终告结束，"制水"一词亦成为历史，困扰香港多年的供水问题亦得到了根本性的解决。现时，东江水占香港食水用水量的七成至八成，包括香港，东江水供给河源、惠州、东莞、广州、深圳及广东省其他城市共超过 4000 万人使用。

除了提供充足的供水量外，广东省政府多年来亦不断加强东江的水质保护工作。加强上游生态涵养，设立东江流域水量水质监控系统，完善粤港两地有关水质的通报机制，使东江成为国家水质最好的河流之一，亦令香港市民用水安全得到了根本保障。通过以上各种措施，供港东江水水质一直保持在符合国家《地表水环境质量标准》（GB 3838—2002）第 Ⅱ 类水的标准。

为保障清源得以永续，广东省政府自东江水供港机制确立以来，一直对流域内的潜在威胁严加防范，通过制定和实施一系列法律规章，建立各种体制机制，全力保护好东江水资源。尽管香港有着充足的东江水供应，此刻供水充盈，香港市民亦不应忘记过去制水的艰辛岁月。期盼香港市民明白水资源的珍贵，与内地共同努力为可持续运用水资源出一份力，珍惜点滴。

水是生命之源，如果没有东江水的稳定供港，就不可能有香港的快速发展。同饮一江水，情义两心知。安全运行半个多世纪的东深供水工程为保障香港民生福祉、维护香港长期繁荣稳定作出了重要贡献。大河无水小河干，香港和内地血脉相连，香港的命运和祖国紧密相连、休戚相关。当前，在建设粤港澳大湾区的重大国家战略支持下，香港将紧抓机遇，更好融入国家发展大局，再创新辉煌！

口述者为"时代楷模"东深供水工程建设者群体先进事迹报告会成员，香港水务署高级工程师。

珍惜點滴

陈澄泰

建引水工程急解香港食水难题

◆口述者：王书铨

谈及参与建设东深供水工程的经历，还要从香港"食水难"的历史问题说起。由于淡水极其珍贵，香港居民一直将其称为"食水"。

历史上，香港有很长一段时期因缺水导致市民苦不堪言。据记载，从1893年10月到1894年5月，大半年内香港几乎滴雨未下，食水非常困难。又因为干旱，生发出瘟疫，短短3个月内，就有2000多人丧生。1929年，香港发生严重旱灾，成千上万人因为干渴选择逃离香港。而到了1963年，香港又遭遇严重干旱……

而建设东深供水工程的首要任务，就是为了解决香港同胞的饮水问题。

水资源禀赋不足，同胞深陷缺水困境

很多人都不明白，香港降水丰富，为什么会缺水呢？实际上，受自然环境所限，香港是一个严重缺乏淡水的城市。香港人口众多，经济发达，用水量又大，但因香港三面环海，地理面积小，没有大江大河和大型水库，市民用水主要依靠本地雨水，导致水资源不能满足生产生活的需要，缺水非常严重。

兴建东深供水工程的直接原因，就是1963年那场严重的香港水荒。

1962年底到1963年，香港出现了自1884年有气象记录以来最严重的干旱，连续 9 个月滴雨未降。当时，香港到底有多缺水？

从媒体报道的新闻图片和影像画面中我们可以看到，为了争水，邻里之间经常大打出手。人们想尽一切办法来找水，用尽所有容器来装水。一些香港居民甚至在山沟的岩缝中用双手挖井取水，对他们来说，即使浑浊的泥浆水，也是难得而宝贵的。

中央电视台《国家记忆》曾播出过一档节目《香港生命线》，其中有很多历史照片和画面清晰记录下了 1963 年香港水荒的场景。那时，香港所有水塘的存水只够香港人饮用 43 天。面对困境，香港采取了强硬的用水管制措施。从最初每天供水 8 小时，到每天供水 4 小时，进而到两天供水 4 个小时，最严重的时候 4 天才供一次水。不仅 350 万香港同胞干渴难耐，对于香港经济社会也造成了巨大冲击。

从东江引水，兴建供水工程，实现对港供水，就是在这个历史背景下提出来的。

从救急到治本，引水构想横空出世

香港水资源不堪重负，解渴"东方之珠"迫在眉睫。无奈之下，香港中华总商会和港九工会联合会代表向广东发出了求救信息。

时任广东省省长的陈郁迅速作出回应，在自身用水也十分困难的情况下，广东省人民政府放弃了大片农田灌溉，由深圳水库向香港额外增加供水 317 万立方米，以解香港同胞的燃眉之急。此外，香港方面还可以用轮船到珠江口免费取水。

其实，党中央一直非常关怀香港同胞食用淡水严重不足的困难，并积极采取措施帮助解决。1960 年，就修建了深圳水库向香港供水。

这段历史对解决香港食水问题有着特殊的意义。但内地一次次的紧急救援，也只是帮助香港解了燃眉之急。为了从根本上解决香港水荒，广东省提出了一个大胆的设想，即把东江水一级一级往上抽，引到香港。

这个想法在当时还是非常不可思议的，从东江口到深圳水库，少说有几十公里，如何实现这么长战线的供水？既然是为了治本而来的，就必须长远谋划。广东省立即将这一情况上报中央。1963年6月10日，周恩来总理审阅广东省委《关于向香港供水问题的谈判报告》后，决定引东江水供应香港，并对供水事项作出安排。

最终，经过科研人员与设计人员的勘探、试验，确定了建设6个拦河梯级、8个抽水站、2个调节水库、16公里的人工渠道以及石马河天然河道组成的供水工程。将东江水引入新开的河道，再经由抽水站和人工渠道，并利用原来由南向北流入东江的石马河，改而由北向南使东江水倒流，逐级把水位提升46米后流入雁田水库，再经由新开渠道及宝安的沙湾河流入深圳水库，最后通过输水管道送到香港地区，供给香港同胞食用。

东深供水首期工程建成时的深圳水库全貌。(广东粤港供水有限公司供图)

组织号召去哪里，我们就去到哪里

东江引水的想法获批后，因为工程规模宏伟，全长 83 公里，任务艰巨，广东省水利电力厅成立工程建设指挥部，组织指挥工程建设。

那时，很多单位都要抽调工作人员支援东深供水工程建设。广东省水利电力厅水利水电科学研究所（现广东省水利水电科学研究院）抽调了两个人参与建设东深供水工程，一个是组长周晋杰，另一个就是我。

我在单位做的是水工结构方面的实验工作，常常需要往工地跑，很难照顾到家里。虽然结了婚，有了家庭，但也很少有整段的时间陪在妻儿身边。记得当时国家有个口号叫"下楼出院"，就是鼓励设计人员走出设计室、科研室，走到一线施工现场，用理论联系实践的方式方法，做好设计科研工作。

只要组织号召去哪里，我们就去哪里，没有怨言。

1964 年 10 月中旬，响应国家"下楼出院"的号召和广东省水利电力厅的动员，我被调配到旗岭工段参与施工建设。记得当时我就简单地往背包里收捡进几件换洗衣物和一床被子，再带上了些工程相关资料，就匆忙从广州坐火车出发施工现场。火车一直坐到樟木头下车，再转坐工地运输车前往旗岭闸坝施工段。

那时工地上非常荒凉。印象中，住的是油毛毡搭起来的工棚，工棚就建在山坡上，一级一级地排布着。睡的是大通铺，打几个木头桩搭木板，铺上我们当时带来的背包卷，一床被子，半垫半盖。

把行李放进工棚后，我就到工务股报到，具体是做闸坝鱼嘴预制构件施工。旗岭要建闸坝，工地开挖好，用乌卡斯打桩机打好桩，围好围堰，然后清完基，就将做好的鱼嘴构件吊装好。如果要用模板来支撑，施工进度就会相对较慢，所以提前做好鱼嘴构件，再吊

东深供水首期工程旗岭闸坝。（图源：《东江—深圳供水工程志》）

装就位，一层一层在中间灌混凝土，就不用做模板，这样速度就快了很多。

那一年，我刚好 28 岁，我家大宝还不满一周岁。我们夫妻俩是水利水电科学研究所双职工，因为孩子尚小，还需要人照顾，妻子就留在了所里，从事建筑材料方面的科研实验工作。还记得那个时候工资只有 40 多块钱，两个人加起来不到 100 块钱，需要养小孩，也要照顾老家的父母。因为工种性质的原因，基本上是工作需要去哪里，我就会去哪里，大部分时间都在工地现场，全靠妻子一人操持家务。后来才知道，原来有一次我家孩子发了几天高烧，且咳嗽得厉害，心急如焚的妻子放心不下，凌晨 5 点背着孩子走了两个小时的路程前往传染病医院（现广州市第八人民医院）就医。

这样的事情，当时我都不知情，妻子也没有托人告知，都是自己默默承受。最近和妻子共同回忆东深供水工程建设时的场景，聊起来才得知妻子许许多多的不容易。

不计个人得失，无悔于工地岁月

我记得 1964 年 11 月，广州市政府领导朱光、广东省水利电力厅厅长刘兆伦到施工现场开过一次誓师大会，动员大家一定要按时保质完成任务。

对于东深供水工程而言，项目与项目之间都是接续进行的，每一个项目都有自己的规定工期，如果完不成就会影响到下一个项目的进度。为了赶工期，基本上都是多个工种同时进行，设计、施工、勘探等各行各业来的工作人员都集体到工地开展工作，大部分工作都是 24 小时三班倒。吃饭的话，都是送到工地上去吃，在哪里施工就在哪里吃饭。

我在旗岭闸坝工地一共干了 4 个月，到 1965 年 1 月基本完成了施工任务。

我们完工之后，工程建设指挥部还派了几辆车将我们载到各个工段，一级一级地去参观，一直看到深圳水库。我们看完之后都很高兴，不仅高兴于自己完成了建设任务，而且自豪于参与了这么一项巨大的工程项目建设。建好的旗岭闸坝枢纽工程，有进水闸、混凝土闸坝和两岸土坝等建筑物。混凝土拦河闸坝又分为有闸门段和无闸门段。有闸门段分为 13 孔，无闸门段的溢流坝分为 7 孔，全长200 多米，闸墩高 10 多米，上设人行桥和起门机械设备的构架。旗岭闸坝枢纽工程没有设抽水站，主要作用是将石马河送来的水拦蓄至设计水位，使水位升高至第二级拦河闸坝——马滩。

当时条件很艰苦，没有什么招待所，大家发扬艰苦奋斗的精神，不去计较个人得失，就是要把工作做好。也是凭借着这种态度，大家鼓足干劲、一鼓作气，将分配到手里的工作保质按时高效地完成好。

口述者为当年参与东深供水首期工程建设的建设者。

我们作为水利工作者，一定要发扬艰苦奋斗的精神，响应党的号召，走下楼去院的指示。

王书铨

饮水思源，奋斗圆梦

◆口述者：郑禧年（香港）

我出生在千禧年，生长在中国香港，现在广州的暨南大学读书。从出生到现在，我从没担心过"缺水"这件事，一打开水龙头就有源源不断的水。

但是我爷爷年轻的时候，香港"缺水"是一件常事，为了给家里接水，他还逃过课。

我爷爷说，他 18 岁的时候，也就是 1963 年，那一年香港遭遇罕见的严重干旱，原来每天 3 小时的供水时间严

1963 年 5 月 30 日，香港大公报刊登限制用水消息。（口述者供图）

重缩减成每 4 天只供水 4 小时。当时各区的供水时间不同，他们必须守着电台听什么时候来水。我们家比较幸运，有水龙头，所以只需要在家里等水来。

唯一不好的是，家里的楼层高，水压不够，不到一两个小时水就断流，只能拿着水桶到楼下接水，抬回家倒进水缸储存。为了接水，我爷爷不知道逃过多少课。

但最辛苦的是住在木屋的居民，他们要走过长长的山路，到街上的公共取水口排队取水。

20 世纪 70 年代的《制水歌》，讲述的就是控制用水的民生困境。

为了减少个人用水，很多学校取消了体育课，居民也尽量吃罐头食品或用水量较少的面团。

用起水来更是一盆水"从头用到脚"，洗完米后洗菜，之后拿去洗碗，最后不是浇花就是冲了厕所。

我爷爷的爸爸还在家里修建了一个"小水池"，将打来的水储存起来，一点一点用。

那段控制用水的日子，到现在还留有一些痕迹。譬如，在今天的香港，冲厕所的水是咸水，也就是海水。在街头还可以看见有两种颜色的消防栓，红色代表淡水，黄色代表海水。不过随着东深供水工程的稳定运行，如今消防已经很少用到海水了。

说到和东深供水工程的缘分，还要回到我读小学 5 年级时，我报名参加"同根同心"活动并通过了筛选，这是香港教育局面向全香港初中和高小学生的一个活动。

那一次，目的地是河源，在这里我见到了万绿湖。当时的我还不太清楚自己为什么要去那里参观，只记得湖边满山叠翠，湖面清澈透绿，可以清楚地

1963 年香港水荒期间，年幼小孩也加入找水挑水的队伍。（口述者供图）

香港水荒时期，市民只好到街边公共水站等候取水。（口述者供图）

铁皮桶成为香港市民应对水荒最重要的储水工具。（口述者供图）

香港水荒期间，警察在市民取水现场维持秩序。（口述者供图）

17

由于当年缺水，香港消防用水基本用海水。随着东江水入港，现在很少用海水做消防用水。如今在香港街头仍可看见有两种颜色的消防栓。红色代表淡水，黄色代表海水。（口述者供图）

看见鱼儿在水中游动。

在那里，我还亲手种下了一棵树。

直到今天，我才明白，万绿湖是供港用水的主要水源地。每一年，这里的水通过东深供水工程，源源不断地倒流输入香港。

而让如此优质的水引入香港的，是东深供水工程几代的建设者。是他们，用自己的热血、智慧和汗水，把青春写在东深供水的伟大工程之上。还有东深供水工程背后千千万万人的支持与奉献，这才有香港市民的用水自由。

一江"水"把我们连接在一起，也连接着我们的心。经常有同学问我，郑禧年，你为什么选择来内地读大学？了解了东深供水工程的建设历程，我有了答案。

在 1964 年，广东 84 位在读学生，为了供港用水二话不说奔赴工程前线，甚至还有同学牺牲了年轻的生命。我，一个中国香港"00后"，跨过深圳河来到广州求学。说实话，这两者没有可比性，但唯一的相同点，就在于我们在差不多的年纪，做出了回应时代召唤的选择。

"有信念、有梦想、有奋斗、有奉献的人生，才是有意义的人生。"我很幸运迈出了追求自己梦想的坚实一步。现如今，乘着粤港澳大湾区建设的东风，越来越多跟我一样的港澳青年来到广东求学工作、施展才能。

内地的持续快速发展为我们提供了难得的机遇和广阔的空间，让我们将拼搏的狮子山精神融入大湾区，开始新一轮的奋斗，肩负年轻一代的担当。

在这里，我想以一个香港普通市民的身份，对所有参与东深供水工程的建设者们和广东的父老乡亲们说一声：同饮一江水，浓浓家国情！多谢你哋！

口述者为"时代楷模"东深供水工程建设者群体先进事迹报告会成员，香港在内地就读的在校学生。

供港之水
饱含浓浓家国情
邓禧年
2021.10.17

19

二、心系同胞

　　党中央对香港同胞遭受饮水困难高度重视，为长远解决香港供水问题作出系列工作安排。广东省委、省政府认真贯彻落实党中央决策部署，积极开展供水工程建设。

　　为从根本解决香港供水问题，广东水利专家提出，建设引水工程，将东江水引入香港。并派出设计人员，前往东江流域进行全面查勘，在此基础上，提出三个引水方案：一是从东江提水，沿广九铁路线铺设水管，引淡水到九龙。二是从东江提水，从东莞开运河到太平，经南头进入九龙。三是从东莞县桥头镇引东江水，利用石马河河道建梯级泵站，把东江水倒流注入雁田水库，再流入深圳水库，然后通过钢管送到香港。

　　1963年12月8日，周恩来总理在出国访问途中经停广州，专门听取广东关于引东江水供香港的工程建设方案汇报。周总理听了汇报后，认为第三方案既可解决港九地区供水的问题，又可使沿途约11万亩农田得到灌溉，当即拍板采用第三方案，并作出批示：供水工程，由我们国家举办，应当列入国家计划……因为香港百分之九十五以上是自己的同胞。

　　在工程建设方面，周总理也作出安排：工程由广东省负责设计和施工，建设费用由广东省按基建程序，上报国家计委，由国家计委审查批准；并指示从援外经费中拨出3800万元兴建此项工程。

　　3800万元建设费用，接近当年国家财政收入的千分之一，是一笔巨额资金。如果不是同胞骨肉情深，国家怎么会下如此大的决心啊！

对港供水，深情滋润香港同胞

◆口述者：刘兆伦

我是当年向周恩来总理汇报东深供水工程建设方案的汇报人，也是当年与港英政府签订东深供水工程首份供水协议的亲历者、见证人，对东深供水工程有一份特殊的感情，回忆往事，至今仍历历在目。

解水荒之困，比选三种方案

由于香港地处珠江口外、海水包围中，淡水资源缺乏，这制约着香港经济社会的发展。20 世纪以来，香港年年有"制水"（限制用水）记录，严重的如 1929 年，出现只有街喉（街上的公用水龙头）供水的情况，日供水 2 小时，逃荒居民多达 20 万人。1963 年至 1964 年大旱，虽经广东省政府允许其从珠江口船运淡水应急，香港仍然出现每 4 天供水 1 次、每次 4 小时的严重制水情况，居民生活十分艰难，织造、漂染、饮食、港口等众多行业停工、减产，经济受到严重影响。

东江是珠江邻近香港的一条大河，有充足的水可供香港，可从根本上解决香港的供水问题。我当时任广东省水利电力厅厅长兼广东省水利电力勘测设计院院长，基于为香港解决淡水紧缺的考量，在 1963 年夏天派出工程技术人员勘测东江沿线，研究供水方案：惠阳地区和东莞提出扩建东引工程（东莞运河），经东莞绕虎门用渠道输水方案；港英方面提出在石龙建大泵站提水，沿广深铁路用钢管输水方案；廖远祺总工程师等考察了前两个方案，提出在东莞桥头镇东江河段取水，沿东江支流石马河倒流，建6座梯级坝、8级抽水站，

1964年4月22日，广东省政府代表刘兆伦（前排右二）与港英政府代表毛瑾（莫觐）在广州签订"东江水供港"协议。（口述者供图）

经雁田水库、沙湾河道到深圳水库，再用管道输送至香港的方案。三个方案简称西线、中线、东线方案或第一、第二、第三方案。三个方案各有利弊，应尽快确定方案，以便开展勘测设计工作。当时我国正处在经济恢复时期，广东的机电工业还比较落后，工程投资和物资设备如何解决，也是个重大问题。

如何建设，总理亲自拍板

1963年12月8日，是个难忘的日子。周总理出国访问途经广州，广东省领导抓住这个机遇向周总理汇报对港供水的考虑。当天，周总理从中山视察回来，在陶铸同志家吃过午餐后，通知我前往汇报。周总理是水利大行家，新中国成立后亲自抓全国水利大事，对黄河、长江、淮河、海河以及珠江等大事的决策都是亲自抓。这是我又一次向周总理汇报，我摊开图表汇报，他边听边提问，参加汇报会的陈郁省长等省领导和我一一回答。当全部汇报完后，他当即明确表示同意选定东线（第三）方案。因为西线（第一）方案，虽对地方

1964年，广东省副省长曾生（右一）在东深供水首期工程建设工地检查工作，前左一为口述者。（口述者供图）

口述者（前右一）当年在东深供水首期工程建设工地检查工作。（口述者供图）

灌溉用水好处多，但线路长，难管理，对向香港输水不利；中线（第二）方案，虽有德商可供应钢管、设备，但非我所长，且难结合我方利益；而东线（第三）方案既可解决对港供水，又可解决沿途乡镇用水及7333公顷（11万亩）农田灌溉。对于工程投资概算3800万元，周总理明确表示，香港是我国的一部分，95%以上居民是我们的同胞，该工程由中央拨援外专款，广东省负责兴办。对所需的机电设备等物资，广东解决不了的，由全国支援解决。周总理随即嘱咐随行的国家计委程子华同志，对工程立项、审批、投资拨款及物资设备支援等问题要一一落实。

工程通水，终结香港水荒

周总理对东深供水工程的英明决策，令我们受到极大鼓舞和鞭策。在广东省委、省政府的领导下，我们立即组织力量，进行工程勘测设计报批；调配精兵强将组成以曾光为总指挥的工程建设指挥部，投入现场施工。当地密切配合，组织大批民工进场，开展通车、通水、通电、通信和征地平地等施工准备工作，工程于1964年2月开工建设。在工程开展并且有把握的情况下，通过外交途径，由广东省人民政府邀请港英政府派代表谈判，经两次友好协商达成一致意见。1964年4月22日，在广东省副省长曾生主持下，于广东省迎宾馆内，我代表广东省政府、毛瑾代表港英政府，签署了东深供水工程给香港供水的协议。

从广州市及惠阳地区、东莞、宝安调集的建设施工人员冒着酷暑风雨，克服5次强台风、多轮暴雨及洪水袭击，日夜奋战在83公里长的4个工区、11个工段上，上海、陕西（西安）、黑龙江（哈尔滨）等15个省（直辖市）50多家工厂和广东省内几十家工厂，以及铁路、公路、水运、民航等部门大力支援协作。经过11个月的奋战，到1965年1月底，工程基本建成，工程费仅用去3584万元。按照协议，同年3月1日起，正式向香港供

当年向周恩来总理汇报东深供水工程建设方案的汇报人刘兆伦（中）及东深供水首期工程建设总指挥曾光（右）在东深供水工程建设工地检查工作。（口述者供图）

1965年2月27日，东深供水首期工程落成庆祝大会在东莞塘厦举行，图为大会会场。（图源：《东江—深圳供水工程志》）

1965年2月27日，广东省副省长林李明为东深供水首期工程落成剪彩。（图源：《东江—深圳供水工程志》）

水，从此结束了缺水制约香港发展的历史，终结水荒。在 2 月 27 日庆祝工程落成大会上，港九工会联合会和香港中华总商会赠送了两面锦旗："饮水思源，心怀祖国""江水倒流，高山低首；恩波远泽，万众倾心"，表达香港同胞对祖国的无限感激之情。

几次扩建，助力香港腾飞

随着东江水的充分供给，香港抓住机遇，实现经济腾飞，成为亚洲"四小龙"之一。随着人口不断增加，对供水又不断提出新的要求。由于首期工程选好的线路打下了基础，东深供水工程在不间断供水的情况下进行了三次扩建。1974 年 3 月至 1978 年 9 月，完成了第一期扩建；1981 年 10 月至 1987 年 10 月完成第二期扩建；1990 年 9 月至 1994 年 1 月完成第三期扩建，设计年总供水量 17.43 亿立方米，其中对港设计年供水规模达 11 亿立方米。

东深供水工程有效地促进了香港经济社会的发展。供水前的 1964 年，香港人口为 359 万人，社会生产总值为 113.83 亿港元。至香港回归前的 1996 年，人口增至 630 多万人，社会生产总值达 11600 亿港元，增长了 100 多倍。

东深供水工程，承载着党中央对香港同胞的深切关怀。而周恩来总理当年果断、英明的决策，为工程及早上马、顺利建成起了决定性作用，值得永远铭记！

口述者为当年向周恩来总理汇报东深供水工程建设方案的汇报人，时任广东省水利电力厅厅长兼广东省水利电力勘测设计院院长。

一条生命线，几代家国情

◆口述者：熊振时

我和很多老前辈相比，51岁才有幸参与东深供水工程建设，是个"晚辈"。2000年，我受广东省水利厅党组委派，担任东深供水改造工程建设总指挥部副总指挥，参与工程建设。

这段经历，已经成为我人生最宝贵的财富。每当回忆起工程建设的光辉岁月，我就心潮澎湃、激动不已！

东深供水工程的建设、扩建、改造和管理，已经跨越了半个多世纪。20世纪60年代初，香港同胞用水极度紧缺的情况，引起党中央高度关注。1963年12月，周恩来总理出国访问，回国后途经广州，当即指示要不惜一切代价，保证香港同胞渡过难关。在听取广东省提出的三种引水方案汇报后，周总理拍板决定采用石马河分级提水方案。

石马河分级提水方案，主要难点是从东莞的桥头镇引东江水，利用流经东莞和宝安（也就是现在的深圳市）的石马河河道建设8级梯级泵站，让东江水倒流到深圳水库，最后通过输水涵管送进香港。整个工程就像搭建一座由北向南、高四五十米的"大

2003年9月7日，人民日报头版头条报道东深供水改造工程。（广东省水利厅供图）

滑梯"。

定了方案，钱从哪来？周总理作出批示，供水工程，由国家举办，应当列入国家计划；工程由广东省负责设计和施工，工程费用由广东省按基建程序上报国家计委，由国家计委审查批准。他心系同胞、高瞻远瞩，特批从援外经费中拨出3800万元人民币。

大家都知道，1964年我国三年困难时期刚刚结束不久，当年全国GDP才1454亿元，财政收入只有399.54亿元，百废待兴，自身就很困难。3800万元建设费用，接近当年国家财政收入的千分之一，是一笔巨额资金。如果不是同胞骨肉情深，国家怎么会下如此大的决心啊？！

国之重任，港之命脉，落到广东肩上！按广东省委、省政府要求，广东省水利电力厅迅速组建了指挥部，组织指挥工程建设，立下了一年内要让香港同胞喝上优质东江水的军令状。

1964年2月20日，东深供水工程正式动工。国家动员了可以动员的一切力量，全国15个省（直辖市）的50多家工厂，调整生

东深供水工程生命之源雕塑。（广东粤港供水有限公司供图）

产计划，赶制机电设备。来自珠三角地区的上万名建设者，带着"要高山低头，令河水倒流"的豪情壮志，迅速会聚到石马河畔，往日宁静的河畔一时间人头攒动、热火朝天。

建设者们克服装备落后和 5 次强台风袭击等重重挑战，硬生生杀出一条"血路"，仅用一年时间就建成了 6 座拦河坝、8 级抽水泵站、17 座大型闸门，将东江水从海拔 2 米提升至 46 米，实现了"要高山低头，令河水倒流"的诺言，完成了难以想象的艰巨任务。

1965 年 3 月 1 日，满载祖国深情厚谊的东江水，沿着新建成的东深供水工程，奔腾入港，彻底终结了香港严重缺水的惨痛历史！

在工程落成庆祝会上，香港工务司专家说："这个工程是第一流头脑设计出来的。"港九工会联合会和香港中华总商会赠送两面锦旗，分别写着"饮水思源，心怀祖国""江水倒流，高山低首；恩波远泽，万众倾心"。这是香港和内地骨肉相连、血浓于水的生动写照！

在东江水的滋润下，香港进入经济腾飞的黄金时期，用水需求也不断增加。为此，从 20 世纪 70 年代到香港回归前，广东又累计投入 20 多亿元，由广东省水利电力厅组织对东深供水工程进行了三次扩建，到 1994 年供水能力增长为 17.43 亿立方米，是首期供水量的 25 倍多。

进入 21 世纪，广东省委、省政府决定对东深供水工程进行全面改造，建设封闭的专用管道输水，实现清污分流，增加水量、提升水质。改造工程于 2003 年 6 月建成通水，年设计供水量达到 24.23 亿立方米，可保障香港长期用水需求。工程质量优良，先后获得中国建筑工程鲁班奖、詹天佑土木工程大奖、中国水利工程优质（大禹）奖等多项荣誉。这项投资 49 亿元的工程也没有腐蚀一名干部，被赞誉为"大

2003 年 6 月 28 日，东深供水改造工程建成通水。（胡耀钧 摄）

型工程建设的一面旗帜"。

为保障水量水质和工程运行安全，广东省先后颁布了 13 项法规和规章制度，成立东深供水工程管理机构和公安部门，划定饮用水水源保护区和东深供水工程管理保护范围。深圳、河源、惠州、东莞等地主动放弃了不少投资项目。很多地方为此放缓了发展步伐，甚至牺牲了发展利益。

就拿河源来说，为了保护新丰江水库，也就是万绿湖，下决心关停深受游客喜爱、收入高的库区旅游项目；禁止修建库区公路，防止"路通林毁水污染"；拒绝了 500 多个工业项目，放弃了 600 多亿元投资。同时，投入几十亿元用于生态林建设和截污管网建设。

为保护一泓清水，为了对港供水安全，广东全力以赴，不讲条件。可以说，流入香港的每一滴东江水，都饱含着祖国母亲对香港同胞的深情大爱。

东深供水工程为香港的长期繁荣稳定，为"一国两制"方针在香港的顺利实施，为中华民族大家庭的团结作出了重要贡献，是体现我们党立党为公、执政为民的又一成功范例。

工作人员在新丰江水库取样检测水质。（邹锦华 摄）

口述者为当年参与东深供水改造工程建设的建设者，"时代楷模"东深供水工程建设者群体先进事迹报告会成员，广东省水利厅原副巡视员。

日夜奔流在东深供水工程上的东江水，永远饱含着祖国母亲对香港同胞最深沉的爱！

熊振时

2021.4.27

一项供水工程
解了香港生存发展之忧

◆口述者：茹建辉

我于 1980 年初在广东省水利电力勘测设计院（以下简称"设计院"），作为普通工程师参加东深供水二期扩建工程的设计工作，1984 年 7 月调离设计院；1987 年 9 月任广东省水利电力厅副总工程师，1995 年 6 月接任广东省水利厅总工程师，兼东深供水工程技术小组粤方组长，负责组织研究和处理对港供水的技术性问题；2002 年 9 月退休后受聘担任东深供水改造工程建设总指挥部技术总顾问，直至工程竣工。我大学毕业后一直从事水利专业工作，我的职业生涯后期贯穿整个东深供水工程的建设和技术管理工作中。

香港同胞缺水求援，周总理拍板支持

香港和九龙（以下简称为"香港"）地质都属侵入岩，地面土层不利于保存雨水，历史上一直是缺水地区。20 世纪 50 年代，缺水制约着香港的经济发展，很多香港人返回内地另谋生路。中华人民共和国成立以来，党中央一直对香港用水困难给予极大的关注。1960 年 3 月，宝安县集水面积为 60.5 平方公里的深圳水库刚建成，广东省领导即批示，每年给香港供水 2270 万立方米，约占香港当时总淡水供量的 16.4%，暂时缓解了一点香港的供水压力。

1962 年 5 月至 1963 年 5 月，香港出现自 1884 年有雨量记录以

东深供水生物硝化工程水下曝气管网。（邹锦华 摄）

来最少降雨记录的大旱，供水更为困难，被迫每 4 天只在街上的公共水龙头供水 4 小时，持续了一年。近 20 个行业停产，20 多万工人收入减少。300 多万香港居民因缺水苦不堪言，市内多处设坛拜祭，祈天求雨；争水、抢水引发民事纠纷频发，社会极度不安。

1963 年 5 月下旬，香港中华总商会和港九工会联合会致电广东省省长陈郁，请求解决香港长期"水荒"问题。陈郁省长当即答复：允许港英政府派船到珠江口免费取淡水；深圳水库除按原协议供水外，每年额外增加供水 317 万立方米，并请港方派员来穗与有关部门商讨增加供水问题。

广东省水利电力厅在 1963 年年中，责成设计院会同有关部门就从东江抽水供香港，解决香港水荒问题进行了认真的规划和查勘工作，最后归纳为三个方案：

第一方案，在石龙设抽水站，沿铁路铺压力钢管，经布吉和深圳输水到港。此方案受港方赞赏但造价高，不便于以后可能的扩大供水。

第二方案，扩建东莞东引工程，经太平、南头至深圳进入九龙。此方案虽可结合当地的农田用水，但渠线长、水质易污染且管理不便。

第三方案，沿东莞石马河分级筑闸，将东江水提升46米进入雁田水库后，从库尾开渠穿过分水岭白泥坑，放入沙湾河经深圳水库输水香港。此方案除投资较少、供水保证率较高（有两个调节水库）、便于未来可能的扩大供水外，还可充分利用石马河的径流（集雨面积约1500平方公里），兼顾沿河两岸的农业用水和桥头镇部分低洼农田排涝。

广东省水利电力厅同意设计院推荐的第三方案，报省人民委员会审查后批准。周恩来总理于1963年12月8日从国外访问归来途经广州，专门就对港供水方案听取了汇报。听完汇报后，周总理赞赏设计院提出的第三方案，认为采取石马河分级提水方案较好，时间较快，工程费用较少，并且可以结合农田灌溉，群众有积极性。随即请随行的国家计划委员会副主任程子华同志将东深供水工程列作援外专项国家基建项目，所需投资0.38亿元由援外经费拨付；要求广东省水电厅尽快组织设计上报审批，尽早实施。由广东省负责建设，广东省物资部门支持解决所需材料，需上级支持的专项报国家计划委员会核定后调拨。

1964年4月22日，在副省长曾生主持的会议上，刘兆伦代表广东省政府、莫觐代表港英政府签订了"关于从东江取水供给香港、九龙的协议"，规定从1965年3月1日开始，每年向香港和九龙供淡水0.682亿立方米。

急香港同胞所急，一年完成全部工程

1964年2月20日，工程在初步设计通过审查后开工，有关技术人员全部到现场设计，在极其简陋的工棚中紧张地开展设计工作。

全线 83 公里仅靠两部自行车作为现场研究的交通工具，设计桌上的灯光常亮至深夜，广东工学院 80 多名农田水利专业的学生到设计组协助绘制施工图。省政府组织过万名民工和有关施工队伍在 1964 年初进场，当时施工机械和运输设备极少，无论土石方的开挖、回填夯实，甚至部分混凝土浇筑都靠肩挑背扛和手工操作，劳动强度大，但仍昼夜不停地施工。

经设计和施工人员艰苦奋斗和密切合作，令港英政府和海外媒体难以置信地于 1965 年 2 月，仅用一年时间完成全线 83 公里，包括 6 宗拦河闸坝（从下而上依次为旗岭、马滩、塘厦、竹塘、沙岭、上埔）和 8 宗抽水泵站（从下而上依次为桥头、司马、马滩、塘厦、竹塘、沙岭、上埔和雁田）在内的全部工程建设。

1965 年 2 月 27 日，在东莞塘厦举行东深供水工程落成庆祝大会和向香港供水的仪式，3 月 1 日开始正式向香港供水，每年供水 0.682 亿立方米。参加庆祝大会的香港工务司邬利德说："这是第一流头脑设计出来的工程"，"这个工程对我们（香港）来说，是个最大保险公司"。

香港民众奔走相告，额手相庆；香港各大报章连日做大量报道，香港鸿图影业公司及时摄制的彩色纪录片《东江之水越山来》亦在香港各大电影院隆重上映，轰动全港。

东深供水工程也受到国际上的称颂和海外侨胞的赞扬，纷纷相约前来参观。美国作家安娜·路易斯专门来华采访，驱车走完了 83 公里工程全线后，回美国在报刊上作了专题报道。

不断满足增加供水，奠定亚洲小龙基础

香港供水较充足后，群众生活水平和生产环境大为改善。但随

着经济发展，对用水要求亦不断增加。虽然 1972 年对香港年供水量已达 0.818 亿立方米，仍不能满足香港的需求。1973 年 5 月，港方提出逐年增加供水量，要求 1979 年供水量达 1.68 亿立方米。广东省政府同意并签订协议后，一期扩建工程于 1973 年 6 月开始规划设计，1974 年 3 月动工，1978 年 9 月完成。

然而 1979 年香港人口已超过 500 万人，香港经济进一步发展，又出现用水紧张。应港英政府的要求，随即开始东深供水二期扩建工程工作，将对港年供水量增加到 6.2 亿立方米。工程于 1980 年初开始进行可行性研究工作，工程系统基本不变，仅弃置桥头抽水站，将第一级抽水站直接移到东江岸边的堤后。工程于 1981 年 10 月动工，1987 年 10 月完成。1982 年，我正在深圳水库大坝下游的工棚中和设计组的 20 多位同事没日没夜地赶工出施工图，我有位在香港的表妹来看我，说："表哥，你快点把这个工程搞完啊，我们每日只供应一点点水，好难捱啊！"东深供水二期扩建工程开始供水后，香港历史上持续一百多年的"水荒"才永远结束。

也许是港英政府吸取了 20 多年来计划供水赶不上经济发展的教训，东深供水二期扩建工程刚竣工，1988 年 4 月又提出，在 1994 年达二期扩建工程设计年供水量以后，逐年再增加 0.3 亿立方米，最终达到年供水量为 11 亿立方米要求。经广东省人民政府同意，东深供水三期扩建工程在初步设计获批准后，于 1990 年 9 月正式动工，1994 年 1 月竣工。

三期扩建工程前七级抽水站均基本按原线路扩建，但在上埔抽水站后不再抽水进雁田水库，改用长约 6.856 公里的隧洞，由雁田水库右侧山体下方穿过流进深圳水库。雁田隧洞方案研究时，有些专家认为承接工程的施工单位广东省水利水电第二工程局已多年未打过隧洞，经验不足，洞线从雁田水库水面以下 20 多米穿过，可能会造成大量冒水、突泥和工伤事故，讨论研究时间超过了半年才得以定案。但雁田隧洞施工中，未发生过因为钻爆和支护施工发生的人身事故，消除了人们的顾虑。在工程建设实践中为施工单位锻炼出一批掌握当时先进隧洞施工方法的技术人才，自此以后一直成为广东及邻近省份隧洞工程建设的佼佼者。

由于东江水源源不断地有保证地供给和增加，香港经济自 20 世纪 60 年代后期开始快速发展，一跃成亚洲"四小龙"之一的序幕也由此揭开。1964 年香港人口为 359 万人，社会生产总值只有 113.8 亿港元；而到 1996 年，人口增至 635 万人，社会生产总值达 11600 亿港元。32 年间增长了 100 多倍，平均年增长 16.1%。无怪何佩然先生在他著述的《点滴话当年——香港供水一百五十年》中称：从东深供水工程获得的淡水供应，"更是城市经济发展的命脉"。

化解香港回归前后的供水危机

改革开放以来，由于大量无序采挖河沙，导致东江河床变深。位于东江左岸的东江抽水站前池水位，自 1995 年初明显地出现下降。到当年的年底，二期扩建工程的泵站已不能抽水，三期扩建工程的水泵被迫在设计最低运行水位 1.8 米高程以下的恶劣工况运行。

若外江水位迅速下降的趋势继续发展，到低于 1.0 米以下，则东江三期泵站也可能无法抽水向香港供水。此事件万一不幸发生，香港可能有 3~4 年内可用的淡水只有平时的五分之一，全为当地储蓄的地面水，被迫重现历史上的"水荒"。此事件恰恰发生在香港回归前后，这不仅对香港居民的生活、经济发展和香港回归后对祖国信任感的打击是致命的，给国家造成的恶劣政治影响也是难以估量的。

广东省水利厅紧急组织多次专题会议反复研究，认为在基本维持通航的前提下，首先要将东江抽水站前池的水位保持在1.1米以上，尽量挖掘三期工程水泵设备的安全储备，让三期扩建的泵站继续运行。最终决定在东江抽水站进水口的下游，采用20世纪50年代发展起来的"漫滩水力学"原理设计，并采用1:475坡度倾向下游的抛石斜滩方案。斜滩横断面中间为在中、枯水期能控制平均流速约1.7米每秒的航槽，两边为水平的阻力滩地，斜滩随下游水位降低可以继续向下游抛石延伸。

1996年1月起，以抢险的速度，组织数十只民船夜以继日地向河中抢抛块石，最高日抛石超过0.5万立方米，1996年底基本完成。抛石壅水斜滩长约500米，在斜滩下游东江水位低至–0.3米时，东江抽水泵站前池水位仍保持不低于1.1米。用此办法基本上维持原有河道通航条件的壅水斜滩，来保证泵站运行的工程技术措施，当时国内、国外均未见先例。

与此同时，在二期扩建工程东江抽水站前池前，抢建了一宗装置当时最大口径（900毫米）潜水泵群的接力抽水站，抬高二期抽水站的前池水位，维持其原有抽水能力。

1998年，在石马河右岸抢建的太园抽水站投产，它可以代替二期和三期抽水站的功能，能在东江可能出现的最低水位下工作，有效保障对港供水安全。

保障东深供水工程水质的工作

20世纪80年代开始，香港大量耗水大的企业迁移到内地。随着内地经济发展，原来用作输水渠道的石马河水体受到不同程度的影响，导致对港供水水质日渐变差。1995年，东深供水工程进入深圳水库的水体水质已难于满足对港供水合同规定的标准。从长期看，石马河应当结束作为供水系统输水渠的任务，尽快筹集资金另行建设"清污分流"的供水系统。但当时更迫切的任务是，寻找可尽快降解供水水质的主要污染指标的应急措施。

历史上，广东省水利厅从未涉足过改善供水水质的业务范畴，故从20世纪90年代初起，水利厅有关业务处室和所属的东深供水工程管理局尽可能多地与有关科研院校联系，广泛地收集相关的技术信息和项目建议。

1996年，经对提出的所有方案逐个进行分析后，初步选定了同济大学建议的生物硝化处理方案。年中组织考察组赴上海同济大学听取专家的原理介绍，并到浙江嘉兴和宁波两个用生物硝化技术处

东深供水生物硝化工程通过水下曝气与填充物料等生物措施，有效净化水体，提升水质。
（邹锦华 摄）

理源水的自来水厂参观。此后，考察组成员一致认为用这项技术有可能改善供水工程的源水水质。为慎重起见，当年年底在雁田水库大坝下游进行了源水经生物硝化处理前后的对比试验，结果证明：生物硝化处理可降解源水中 80% 以上的氨氮（NH_3-N），五日生化需氧量（BOD_5）和化学需氧量（COD）等污染指标亦降低 1 单位以上，效果比较显著，水的外观也明显改善。

随即委托省水电设计院配合同济大学专家提出的工艺方案进行工程结构设计，委托广东省水利水电科学研究所进行曝气均匀性和清淤措施等的研究。设计文件以应急处理工程名义上报经省政府批准，在深圳水库上游建设了生物硝化处理池工程，设计日处理源水470 万立方米 (前期先按日处理原水 400 万立方米设计)。考虑未来东江的水质可能会有变化，生物硝化处理工程按永久工程标准建设，列为东深供水改造工程最下游的组成部分。

生物硝化工程于 1998 年 1 月 5 日开工，1998 年 12 月 28 日建成，是当时世界上最大的饮用水水源处理工程。工程投产后，在它下游的水库水面逐渐恢复了原有的绿色。从历次对港供水的工作会议和技术小组会议中，港方提供的水质监测资料证明，对港供水的水质有了明显改善。

尽管广东省委、省政府对保护原来作为东深供水工程输水渠道的石马河河道水质制定了一系列保护法规，但作为输水系统的石马河水体变差仍然严重。有必要尽快弃用石马河，把整个供水系统改造成为"清污分流"的供水工程。

广东省水利厅从 1996 年开始组织东深供水工程全线改造的线路走向研究和综合方案比较，在 1997 年资金筹措方案落实并报请省政府批准后，立即组织设计单位先后编制了改造工程的可行性研究报告和初步设计报告上报水利部。最终选定方案为利用已建的太园泵站为第一级抽水站，后用与周边水系完全隔离的渠道和管道，经莲湖、旗岭、金湖三级抽水站提水后，接入原已建的雁田隧洞和新开的深圳隧道进入深圳水库。深圳水库上游水体较差的沙湾河则另设截

施工人员在东深供水生物硝化工程安装填料。（邹锦华 摄）

污工程，将污水截走处理达标后再排入深圳河。

经过水利部水利水电规划设计总院现场审查，初步设计获批准后，广东省水利厅组建东深供水改造工程（以下简称"东改工程"）建设总指挥部，工程于 2000 年 8 月动工，至 2003 年 6 月，除由深圳市承担的沙湾截污工程外，直接从东江取水进入封闭管道输送到香港的主体工程全部完成。

为尽快向香港和深圳安全和高效地供应较洁净的东江水，东改工程设计工作组设在现场，与施工单位密切配合。

东改工程采用了多项先进技术，比如：成功地建成了当时世界上最大的预应力钢筋混凝土渡槽（内半径 3.5 米、厚 0.3 米）；建成了当时世界上内径最大的（4.8 米）现浇预应力钢筋混凝土地下埋管；采用了当时世界上最大的液压全调节抽芯式混流泵；线路全长 68 公

里，采用了当时达国际先进水平的全自动化监控和调度技术等。

因工程是面向全国公开招标，为保证工程质量和施工进度，工程建设总指挥部制定了一套完整的、在市场经济条件下行之有效的劳动竞赛制度。由总指挥部有关部门人员、各标段的行政和技术负责人组成评委，定期对各标段以安全、质量、进度和文明施工等条件进行综合评比，对得高分者颁发流动奖牌。得奖牌者若下次的评分较低时，由项目行政和技术负责人亲自将原获得的流动奖牌亲手送给新的高分获奖单位。对多次评比获奖的施工单位，由工程建设总指挥部颁发永久性奖牌。

采用了这套科学、严谨、公平、公正、管用的评比制度，使抓安全、保质量、赶进度和创文明施工环境成为各中标施工单位的自觉行动。在东改工程建设三年多的过程中，几乎没有发生过中标施工单位与总指挥部扯皮的事件。工程以全优的质量竣工，外观质量亦非常良好，国内参观者络绎不绝。

东改工程随后被中国建筑业协会等12个国家级的行业协会，联合评选为与"天安门前建筑群"并列的新中国成立60周年"百项经典暨精品工程"之一。

寄语

东深供水工程现在依然以良好的工况向香港源源不断地输送东江水。如上所述，东深供水工程对香港特别行政区人民的生活，对保障和促进香港的经济发展，有着无可替代的作用，是香港的生命线工程，必须能长期安全运行，绝不允许发生可能中断供水的重大事故。

全面改造以来，虽然东深供水工程已万般皆好地安全运行近20

年，但该工程是单线供水，自身调蓄能力不高，工程的周围环境无论是水文、气象、地形、人类活动还是相邻工程关系在不断地变化，都有可能会出现威胁供水工程安全的突发事故。工程运行管理单位应时刻保持"如履薄冰、如临深渊"的高度责任感，及时发现或预测可能出现影响工程安全运行的因素，做好应对预案。如人们每年需进行体格检查、及时发现体内病变一样，整个东深供水工程应定期进行全面的安全评价，及时制订和调整应对措施和预案，以保证工程能长期安全运行。

口述者为当年参与东深供水第二、三期扩建，应急供水、生物硝化和改造工程建设的建设者，广东省水利厅原总工程师。

东深供水工程饱含着祖国
对香港同胞的深切情谊。
万古长存！

茹建辉
2021.8.3

三、河水倒流

　　东深供水工程于 1964 年 2 月正式开工。为了尽快完成施工，按照党中央统一部署，全国 15 个省（直辖市）50 多家工厂，调整生产计划赶制各种机电设备，全力支持工程建设。按广东省委、省政府要求，广东省水利电力厅迅速组建指挥部，组织指挥工程建设。广东省水利电力勘测设计院负责工程勘测设计，广东省水利水电科学研究所以及在工程建设和后续扩建过程中逐步组建的广东省水利水电第二工程局、水利水电第三工程局、水电安装公司、机械施工公司、沙河机械厂等广东省水利电力厅下属单位，成为东深供水工程建设的主力军。在东深供水工程建设大军中，有一个特殊群体，这就是广东工学院（现广东工业大学）一批即将毕业的大学生。为了支援工程建设，他们毅然走出校门，到艰苦的施工一线，参与工程建设。建设者喊出"要高山低头，令河水倒流"的响亮口号。经过一年的艰苦努力，1965 年 3 月 1日，东深供水工程建成对港供水，东江水沿着东莞石马河，经过 6 级拦河坝、8 个抽水站提升水位 46 米倒流至深圳水库，全长 83 公里，最后在深圳水库通过管道送入香港，极大缓解了香港同胞的饮水困难。

引东江水供港，解同胞缺水之困

◆口述者：王寿永

东深供水工程建成到 2021 年，已安全对港供水 56 年了。一部对港供水史，就是一部艰苦奋斗、无私奉献的历史，刻录着我们一代又一代水利工作者成长的足迹。

当年，内地的报纸、广播等媒体都有关注报道香港缺水方面的新闻。我们得知后都非常震惊，没有想到香港缺水问题如此严重，尤其是 1963 年香港大旱之时，看到同胞深陷水荒危机，心里也万分不落忍。

1963 年 6 月 1 日，香港代表与广东省代表举行会谈。应香港中华总商会和港九工会联合会请求，广东省人民政府在自身用水也十分困难的情况下，放弃了大片农田灌溉，由深圳水库额外增加向香港供水 317 万立方米，以解香港同胞的燃眉之急。此外，香港还可以用轮船到珠江口免费取水。

为彻底解决香港饮水难问题，引东江水供港的建议由省内专家们提出。周恩来总理闻听此事后非常重视，特批中央拨款人民币3800 万元用于建设东深供水工程。

至今，这项工程已滋润香港 56 年。

面对同胞缺水困境，无论如何都必须按时完成设计任务，绝不拖工程建设后腿

我出生在 1935 年，毕业于成都工学院（现四川大学）水利系。

1963 年我是广东省水利电力厅设计院的一名技术员。东深供水工程是我开启水利设计工作后参与的第二个设计项目。第一个项目是新丰江水电站。

1964 年，东深供水首期工程建设指挥部组织 1 万多名建设者参与工程建设。（广东省水利厅供图）

大概 1963 年国庆节前后，我们设计院就接到了东深供水工程的设计任务。作为水利工作者，面对香港同胞缺水难题，有机会参与一项全新的水利工程，以期改变香港这个缺水局面，深感肩之重担，重之又重，责任巨大。当

1964 年，东深供水首期工程建设工地，施工人员在开挖泵站基坑。（广东省水利厅供图）

时大家都非常明确，我们的工作必须要确保 1965 年 3 月实现对港供水。所以，无论如何我们都必须按计划完成设计任务，绝不能拖工程建设的后腿。

接到任务后，设计院的院长带着我们跑了一趟东莞、深圳，去到工地现场看了一遍。这一次实地走访像一个节点，也像一种响应，表明我们正式接受了这项任务。为了完成这个任务，必须要下去现场，这是一个硬要求，也是工程需要。当时，国家提倡"设计革命"，下楼出院。下现场有很多好处，比如，可以和施工联系

47

东深供水首期工程建设者不畏艰险，开山劈石。（广东粤港供水有限公司供图）

得更密切一些，可以适时掌握现场可能出现的状况。根据当时的实际情况，设计人员下现场，工作效率确实会提高很多。

1964年2月20日，东深供水工程正式开工。准确来说，1964年春节刚过，当时大的设计方案一确定，我们设计人员就按计划分成三组，去东江口桥头、马滩、竹塘3个工地现场投入工作。我被分配到马滩这个站点。

我们到工地现场时，各站点的枢纽布置、渠线走向已基本确定，接下来我们的工作就是做技术设计、出施工图纸，以满足施工单位的需要。

当时工程的设计、施工以及设备的制造、安装均由我国自己承担。工程项目多，地点分散，施工机械不足，以人力为主，施工高峰期需动用2万多人。那个时候，不分领导、技术人员、工人，大家都是为了一个共同目标而奋斗的战友，有吃的一起吃，有困难一起想办法去克服。

工期紧，条件艰苦，大家全身心投入，持续几个月加班加点绘制施工图纸

在马滩站点，我主要负责马滩、塘厦、竹塘、沙岭、上埔、雁田等6个泵站的厂房水工部分设计工作。仅我所在的这个站点，大概就有十几个设计人员。还有其他的一些设计人员负责闸坝及机电的设计。

由于当时条件有限，工地只能提供简易搭建的临时工棚给我们居住，需要自己带被褥、蚊帐、衣物等生活用品。所以去的时候，单位特别安排了一辆卡车送我们去施工现场。

除了住的工棚，另外搭建一个工棚作为工作间，设计人员可以在这里设计计算、绘制图纸等。工棚内，搭上架子，放上图板，就是我们的工作台。像绘图板及绘图仪器等工具，都是我们自己带去的。

工程建设对于时间进度上的要求很紧，勘测、设计、施工等一系列环节的工作几乎都是同时进行。每一项工作都是环环相扣，一项工作接着一项工作，其中任何一项工作出现纰漏，很可能导致其他工作乃至整个工作链条延误，所以每一个人都顶着很大的压力工作。尤其是前期，如果设计图出不来，施工就没有办法进行，大家都要等着施工设计图。我们必须在一个非常短的时间内完成设计工作，并且设计出来的方案要符合具体施工要求。

施工图纸由设计人员制好后，还需请专人描图，才能晒出正式图纸，再送到施工单位。由于施工急需图纸，当时晒图都是我们用自带的简易晒图设备在现场完成的。

就我所承担的任务而言，技术上的难点倒不是很大，印象中没有

东深供水首期工程建设施工现场。（图源：《点滴话当年——香港供水一百五十年》）

太复杂的东西，主要问题就是时间太短。为了克服这个时间太短的困难，我们一般都会加班加点，拉长工作的时间，也没有什么周末的概念，印象中两个礼拜才休息一次。

当时，吃的、住的、用的都很艰苦，但是大家也都没有去计较这些，全身心地投入到工作中。早上按点起床，简单吃个早饭便开始工作，经常一忙就忙到夜里十点钟之后。遇到赶图纸比较急的个别情况，还会继续加班到更晚的时间。

作为设计代表，我们所赶制的图纸是要用于施工的，所以常常需要根据现场情况对图纸进行适当调整，一边做设计、一边改设计。有些时候施工条件改变了，材料变了，都需要设计人员对图纸做出调整。这个时候，我们就会在工地现场根据施工需要，及时进行更正修改。

前后只用了几个月时间，适用于施工的设计图就基本做完了。大部分设计人员陆续回到了设计院，但为了保障施工的顺利进行，部分技术人员作为设计代表留驻工地，我也是其中之一。

从1964年春节后，我基本上一直留在东深供水工程工地站点，一直到1965年3月，干了大概一年多，除了偶尔休息一下，基本上都在施工现场配合施工。

工地的日子虽然艰苦，但每每想到香港和工程沿线也能用上清洌的水，干劲就多了几分

作为设计代表，等到图纸出来后，我们还需要经常跑施工现场，负责为施工人员解释设计意图，帮助他们更好地完成施工工作。但施工初期，站点之间的联系非常不便，为此，设计院为各站点配备了自行车，供频繁往来于各站点之间的设计人员下工地现场使用。

1964年，广东省领导视察东深供水工程深圳水库建设工地。（曾生家属供图）

　　我们沿着铁道旁的乡间小路，从一个站点到另一个站点间骑行，总会穿过一大片绿油油的农田，看着庄稼地正在播新种、压新苗，心里美滋滋的。如果东深供水工程建好了，受惠的不仅是香港，东莞、深圳沿线的很多乡镇也能有清冽的东江水喝，庄稼地也能得到灌溉的保障，农田作物也会越长越好。在工地的日子虽然艰苦，但每每想到这些，干劲就又多了几分，踩起脚踏车来也感觉轻松了许多。

　　施工上有哪些解决不了的问题，都会找设计代表。施工现场情况千变万化，常常需要根据施工实际对图纸做一些调整和优化。

　　一般情况下，我们都会尽量在现场根据实际需要灵活优化设计图纸，但有时也会遇到棘手的难题，我们便会把这些问题收集起来，反馈到设计院，再集中想办法去解决。

　　虽然当时对工作时间有规定，早上几点开始、晚上几点结束，但为了赶进度，大家都会加班加点地工作。因为大家心里都很明白建设东深供水工程的目的与意义，要全力以赴解决香港缺水问题，所以超时工作都没有怨言，也不会去计较个人得失。

忙设计那段时间没有什么娱乐，休息的时候，有人喜欢拉拉胡琴、吹吹口琴，以此来调剂工地单调的生活和繁重的工作。

广东的夏季属台风多发季节，台风过境的时候，无论是设计人员还是施工人员，大家不分彼此，都全力投入抗风抢险工作中。

印象很深的是1964年国庆节后的一次台风，造成的影响也比较大。记得当时竹塘站的施工围堰都出了问题，这关系到能不能按期顺利供水给香港。所以，台风一过，工程指挥部就紧急组织人员投入抢险工作，助力尽快恢复施工。

在大家的共同努力下，最终克服了台风带来的各类问题。作为工程建设者，我们设计人员无论是抢险搬运水泥物资，还是督促尽快恢复施工，都义不容辞地全力以赴。

江水倒流，高山低首，自己参建的工程受到好评，自豪感油然而生

在工程落成大会上，港九工会联合会和香港中华总商会向大会赠送了"饮水思源，心怀祖国"和"江水倒流，高山低首；恩波远泽，万众倾心"两面锦旗。

1965年3月，东深供水工程正式通水。广东省为此还举办了一场庆祝大会，我也去到了现场。当时坐在会场，听到、看到自己参与建设的工程项目完成验收，受到大家的好评，自豪感油然而生。

1965年3月底，我从工地撤回后就立马投入到新的工作中。直到20世纪90年代初，东深供水第三期扩建工程建设期间，我有幸

参与并负责工程质量监督工作。

回忆起 20 世纪 60 年代搞首期建设时，感受颇深。感慨到上世纪 90 年代，短短 30 年间，国家发展已日新月异，再也不是 60 年代时的穷困模样了。

三期扩建工程以后，我就没有再回去看过这个工程，但它在我的心目中一直占据着重要的地位。

如果没有东江水供给香港，香港生存都成问题，何谈后来的发展？可以说，东深供水工程担负着香港、深圳、东莞 2400 多万居民生活、生产用水重任。香港的繁荣与辉煌的背后，离不开东江水的支撑与保障。

东深供水工程是香港与祖国内地骨肉相连、血浓于水的见证！他们缺水，我们有责任按照国家的要求做好这个工作。这是国家交给水利人的一个任务，必须完成。荣幸和自豪的是，作为一名普通的技术工作者，我曾参与过执行这个任务，并且顺利地完成了国家交给我们的任务。

口述者为当年参与东深供水首期、第三期扩建工程建设的建设者，"时代楷模"东深供水工程建设者群体先进事迹报告会成员。

饮水思源

王寿永

东深是我们这一代人的使命，
拼了命也要完成

◆口述者：方洁仪

我曾经在青岛工学院读书 3 年，后来到西安动力学院继续读书，学的是水利专业。我是广东人，但父母不在广州，而在上海。大学毕业后分配工作，我来到广州。作为水利工作者，能参与东深供水工程建设，是一件很有意义的事情，我感到很光荣很自豪很骄傲。

现场设计不用动员，大家拿起背包就下到工地

当年香港遭遇干旱，市民没有水喝，曾经采用大轮船运淡水，但这只是个应急救济，不是长远之计，要解决长远供水问题，就要采取可持续的供水工程方案。

提供供水工程解决方案的任务，就落在广东省水利电力厅下属单位——广东省水利电力勘测设计院（以下简称"水电设计院"）的肩上。我当时在水电设计院工作。我们认为，要从东江跨流域引水才能解决香港长远供水的问题。于是，水电设计院就提出了一个引东江水供给香港的方案。这个方案最后由周恩来总理亲自批准建设。

其实，在香港历史上，缺水问题一直存在。早在 20 世纪 50 年代，就曾有港人向广东省委、省政府请求，由广东省帮助香港解决缺水问题。为此，广东省政府决定在深圳兴建水库为香港供水。

1964 年，东深供水首期工程建设工地。（广东粤港供水有限公司供图）

1960 年，深圳水库建成时，特意备有一条钢管送水香港。但是 1963 年大旱，深圳也缺水，深圳水库供给当地居民用水都比较困难，没有更多的水可以供给香港。

东深供水首期工程建设，要在一年内建成通水，工期很短，任务很重。我们面临的主要困难是战线长、工期短、人员紧缺，如何保质保量完成工程建设任务，是摆在建设者面前的一道难题。整个工程有 6 个拦河坝、8 个抽水站，还有输水管道等，工程全长 83 公里。

当时，水电设计院派了一组人员到施工现场做设计，几乎没有特别的动员活动，大家拿起背包就下到工地，连夜完成了派工任务。当时我参加的设计小组承担的是深圳水库的输水工程。

与深圳水库副坝同时进行的，还有一个农田灌溉工程，我们就将两个工程设计施工一起做。设计工作完成以后，小组长就让我留下来当设计代表，在深圳水库配合施工，兼顾东深供水首期工程和农田灌溉工程。为配合施工，紧急时，我们也会跟着师傅去扎钢筋，钻到管子里去敲贝壳。

输水管子直径大约有 1 米，每段管道中间都有进人口。原来的管子时间久了就有很多贝壳附着在内壁，我们就弯着腰从进人口进去，把这些附着物敲下来。

东深供水首期工程于 1964 年 2 月开工，1965 年 3 月正式对港供水。整个工程沿线 83 公里，为了完成任务，大家经常日夜赶工。

东深供水首期工程建成后，有效解决了当时香港的缺水问题。随着香港经济的快速发展，此后的几十年，东深供水工程还进行了三次扩建和一次改造，对港年供水能力从首期的 6820 立方米逐步提高到 11 亿立方米。

东深供水首期工程建设时，我参与的深圳水库只是其中一个部分，但是很有意义，也成为一段很难忘的记忆。

任务摆在那里就一定要把它完成，拼了命也要完成

东深供水首期工程是一个系统工程，从东江取水，流入东莞的石马河后，经河道、渠道、隧洞，并用水泵将水逐级提升，经过雁田隧洞，最终引到深圳水库，实现引水供港。

早期的深圳水库。（广东粤港供水有限公司供图）

具体来说，东深供水首期工程是引东江水南流至深圳市深圳水库，需将其中一条原本由南向北流入东江的支流——石马河变成一条人工输水运河，在河道上建拦河坝和抽水泵站，使东江水沿河道逆

1965年东深供水首期工程建成，广东省政府在东莞塘厦镇举行工程落成庆祝大会，邀请香港知名人士参加大会。(图源:《点滴话当年——香港供水一百五十年》)

流而上，经8级提水，将东江水提高46米后，注入雁田水库，再从库尾通过人工渠道流入深圳水库，再由深圳水库通过管道接入香港供水系统。工程相当艰巨。

东深供水首期工程沿途经过司马、旗岭、马滩、塘厦、竹塘、沙岭、上埔、雁田到深圳等地。除对港供水外，工程还为沿线城乡群众和农田灌溉提供用水。

东江水抵达深圳水库后，经两条横跨深圳河的水管，输入位于香港木湖的接收水池，然后再输往木湖抽水站。

对于广东来说，东深供水工程是跨流域大型调水工程，之前都没有做过。所以设计的时候，没有太多的经验可以借鉴与参考。我们就自己去思考，去研究施工设计方案。

任务摆在那里，大家都没有别的想法，就是一定要把它完成，拼了命也要完成。因为当时香港同胞没有水喝，怎么办呢？不可能老用轮船送水啊！

周总理下了指示，要解决香港同胞的饮水困难。所以工程建设再困难，也必须百分百地完成建设任务！国家对港供水的决心很坚定。

当时建筑材料很紧张，钢筋水泥都缺。广东没有那么多资源，全国各地都来支援。国家计划委员会按照周恩来总理的指示要求，从援外经费中拨出 3800 万元作为工程建设资金。

自己参与了一件很有意义的事情，虽很辛苦但很值得

印象中，当时工程进度还受到了台风暴雨的影响。台风一来，工程就没法施工。虽然经过几次台风，但因工期抓得紧，工程建设还算是比较顺利，如期完工。

工程建设的技术难度不算太大。对于水电设计院来说，这些泵站、渠道等小型建筑经常干，技术并不难，主要的难度在于线路长，全线同时施工，设计需要干的工作就很多。

我当年 28 岁，在深圳工作了一年多，认识了我的爱人。他后来也参加了东深供水第三期扩建工程（以下简称"三期扩建工程"）建设，在工地上，也曾经历过风险。三期扩建工程时期，雁田水库要做一个穿山隧洞，需要爆破，有一次隧洞施工过程中遇到了塌方，有一些人被封堵在洞里。当时我爱人是三期扩建工程建设指挥部的负责人，闻讯后赶快进洞内指挥抢险，因为反应及时，应对得当，很快将人疏散出来，没有出现人员伤亡。

东深供水首期工程建成通水之际，在东莞塘厦镇举行工程落成庆祝大会。当地老百姓闻讯赶来，建设者也参加，现场人山人海，庆祝工程完工。

东深供水工程与我挺有缘，后来进行了几次扩建，以增加供水

规模。进行三期扩建时，我已调到省水利电力厅基本建设处工作。作为建设处的工作人员，需要经常下到建设工地进行一些协调工作，配合当时的工程建设指挥部做一些现场协调。

从东深供水首期工程，直到一期、二期、三期扩建工程建设，我都为这个工程尽过心、出了力。前期是设计人员，后期是管理人员，都深度参与了建设工作。可以说，我的整个职业生涯都与东深供水工程有着密切的联系，直到1991年退休，都没有离开过。

在当时那个年代，使命大过天，责任重千金，大家接到任务后，都会全力以赴地完成。这就是我们广东水利人的一份责任！东深供水工程对香港意义重大。我觉得，一代人有一代人的任务，一代人有一代人的使命，东深供水工程就是我们这一代人的使命，无怨无悔！对于自己能够参与这么一件有意义的事情，觉得挺好，虽然很辛苦，但很值得。

口述者为当年参与东深供水首期及第一、二、三期扩建工程建设的建设者。

无悔青春，无问西东

◆口述者：符天仪

50 多年前，也就是 1964 年 4 月，在老师的带领下，我们广东工学院，也就是现今的广东工业大学，土木系农田水利专业四年级两个班共 84 名学生，进驻东深供水工程工地，成为东深供水首期工程施工建设的生力军，也是当时施工现场最年轻的一个群体。

我们参与东深供水工程建设虽然只有不到一年的时间，但这段经历却让我一辈子刻骨铭心。

那是 1964 年 10 月 13 日的深夜，23 号超强台风登陆广东省沿海地区，乌黑的夜里，狂风大作、电闪雷鸣、暴雨倾盆，台风卷走了饭堂顶棚，吹塌了宿舍工棚，暴涨的河水冲垮工地围堰……我们水利人最不愿看到的场景发生了！

东深供水首期工程塘厦泵站枢纽。（广东粤港供水有限公司供图）

东深供水首期工程建设工地雁田站。（谢念生供图）

我们在睡梦中被台风惊醒，看到竹制的工棚被台风吹翻，设施设备完全暴露在狂风暴雨中。但大家没有被吓倒。在黑夜里，不管是男同学还是女同学，大家都勇敢地冒着狂风暴雨，保护设施设备安全。

在建的东深供水工程正在经历一场生死考验。工程下游的水位不停往上涨，形势十分危急。如果不及时关闭上游水库的泄洪闸，洪水将摧毁工程，还将危及上万名建设者的生命。

同一时刻，我的同学陈汝基和一位 60 多岁的廖工程师，一老一少，正紧急赶往雁田水库。这一路，他后来说是他这一辈子走过的最艰难的路。

陈汝基同学冒着汹涌的洪水，艰难地涉水前行。他自己往前先挪一步，扎稳脚跟，再回头拉廖工程师一把。两人就这样，一挪一拉地向雁田水库靠近。水库就在前方，300 米的路程，平时 1 分钟就能跑到的地方，他们就这样挪了半个小时。幸运的是，他们及时赶到水库，顺利地关闭了泄洪闸门，阻止了一场悲剧的发生。

再黑的夜都会迎来曙光。台风过后，清晨来临，瘫坐在泥地上的女同学何霭伦这才发现，自己的脸、手、胳膊和腿多处擦伤，鲜血直流。她后来告诉我，那一刻她"很想家、想爸爸妈妈"。她是家中的独生女，来到东深供水工程是"瞒着父母的"，因为怕父母担心。

那一年，何霭伦才 21 岁，陈汝基 25 岁，而我 23 岁。

我们 84 位大学生本可以不出现在这么汹涌危险的夜里。但是国家需要我们来，我们就来了。当知道东深供水工程急需大量专业人员后，看到香港同胞用水紧张，所学专业又刚好相关，我们 84 位大学生毫不犹豫放下手上学业和毕业安排，背上铺盖、衣物，就满腔热血地赶赴施工现场。

我们住竹棚、吃粗粮，土方工程靠手挖肩扛……那个年代，我们干起活儿来毫不含糊，施工再苦从不掉泪。何霭伦同学在经历了那惊险的一夜之后，第二天就带伤上阵，风风火火奔跑在工地上。

当时，我的家族有不少亲人定居香港，他们深刻体验了香港的缺水之苦。施工期间，我在相互来往通信中告诉亲人们，东深供水工程正在建设中，很快将解决香港的生活用水难题。亲人们来信说，我们就是他们的希望！同学们听了也很兴奋。这也给我们增添了无穷的工作动力。那段时间虽然干活很辛苦，但是大家干得很开心、很起劲，每天都不知道疲倦。

如果说那段激情燃烧的日子有遗憾的话，那就是——我们来时 84 人，走时只有 83 人。我永远忘不了那年秋天，就在距离我们回校的日子只剩十几天的时候，意外发生了。

一天下午，为了赶工期，我的同学罗家强爬上近 7 米高的闸墩工作桥上，帮助工人拉混凝土振捣器风管，不幸跌落，永远离开了我们……平日里内向沉静、乐于助人的家强，生命永远停留在 23 岁。

他的勇气和我们的思念，永远流淌在东深工程的清澈流水里，不会随岁月流逝而消逝。他的名字将永远写在东深供水工程的历史丰碑里！

最初我们来的时候，说是协助工作 3 个月，3 个月就回到学校，回归到课堂。可是 3 个月后，专业人手依然吃紧，工期十分紧张，时间延长到 6 个月，最后整整坚守 224 个日日夜夜。

青春因磨砺而出彩，人生因奋斗而升华！后来毕业了，我们有的人错过了比较好的工作分配，离开了大城市，一辈子深扎在基层，经历了人生的坎坎坷坷，但参与东深工程建设这段激情奋斗、顽强

东深供水首期工程新开河及桥头泵站进水闸。（图源：《东江—深圳供水工程志》）

拼搏的青春岁月，始终都成为大家最温暖最光辉的回忆，这段经历也成为激励我们一生乐观战胜种种磨难、不断成长进步的强大精神力量！

　　口述者为当年参与东深供水首期工程建设的广东工学院学生，"时代楷模"东深供水工程建设者群体先进事迹报告会成员。

生命之水造福粤港两地，
经济腾飞不忘东深供水

◆ 口述者：何霭伦

我是广东工学院农田水利专业 65 届毕业生。1964 年 4 月 7 日到 11 月 15 日，我和我的老师及同学们一起参加了东深供水首期工程建设。刚到工地，我被分到桥头设计组参加工程辅助设计，后期转到上埔工段参加施工管理和质量检查等工作。

造福粤港两地千万民众的生命线工程开建

东深供水首期工程要建 6 个梯级工程、8 级抽水站、2 个水库（扩建）、83 公里引水渠等。工程量大、工期短、资金紧缺，在这样的条件下，工程能够在一年的时间内按质按量完成，于 1965 年 3 月 1 日正式向香港供水，我想其中主要原因有以下方面：

第一，党中央及广东省委、省政府高度重视。周恩来总理亲自批示，要解决香港用水困难问题，并要求广东省委、省政府落实解决。

第二，广大群众对香港同胞的感情血浓于水，对他们缺水感同身受，对党中央和广东省委号召一呼百应，热情高涨，几乎是无偿地投入到工程建设中去。据统计，参加的人数有过万之众。

第三，众多工程建设者在工作和生活条件非常差的情况下，艰苦奋斗，为赶工期加班加点、日夜奋战。

第四，设计部门精心设计，选择了最优设计方案。工程战线长、

当年参与东深供水首期工程建设的广东工学院学生。（口述者供图）

工作面广，通过投入大量人力的方式，加快工程进度。

第五，在技术力量缺乏的情况下，启用了广东工学院土木系65届2个班80多名学生支援该工程的建设。这些年轻人能吃苦，对工作满腔热情，认真负责，又有一定的专业知识和实践经验（之前已参加过几次实习）。我们参加到这个工程建设中，大大加强了工程的技术力量，对加快工程进度有一定作用。

我对东深供水工程的一个感受是，东深供水工程是许多建设者牺牲个人利益，用汗水甚至用生命换取来的一个工程，所以我们要珍惜。

我们学制本来是五年制。为了支援东深供水工程建设，我们停课7个多月，这段时

东深供水首期工程建设现场。（口述者供图）

东深供水首期工程设计人员工作场景。（口述者供图）

间的课程在回校后必须补上，但时间太紧，大家只好辛苦点，利用本来是休息的时间来补课，教学内容也做了一些调整。在东深工地的 7 个多月从未安排过休息，更没

人回过家。我们毕业后刚好遇到"文化大革命"，转正又推迟了两年。对这些个人利益的得失，当时根本没有考虑，大家只是一心投入到工程建设当中。

在当年建设过程中，同学们日夜奋战，不但历经艰辛，也经受住了大自然的考验。1964 年，我们连续受到多次台风袭击，最大风力超过 12 级，人被吹倒又爬起，工棚被掀翻屋顶，到处汪洋一片，但大家仍坚守在工作岗位上。这年 11 月 3 日，强台风又一次突袭，在沙岭工段，我们一位同学——罗家强在近 7 米高的闸墩工作桥上操作时，不慎坠地，头部重伤，最终抢救无效，献出了年轻宝贵的生命。

值得一提的还有我们另外一位同学——李玉珪，水利行业的人都亲切地称他为"珪叔"。他不仅参加过东深供水首期工程，在广东省水利电力勘测设计院工作期间还参加了东深供水二期扩建工程（以下简称"二期扩建工程"，以此类推）、三期扩建工程设计。后来在东深供水改造工程（以下简称"东改工程"）中他担任设计总工，带领有百多名设计人员的团队苦战多年，出色完成了设计任务。东改工程还夺得 4 个世界之最，他本人也被评为 2001 年度东改工程建设"十杰"工作者,多次获得嘉奖。李玉珪同学为东深供水工程呕心沥血,他辞世前一天还在工作岗位上。可以说,他的一生大部分时间都贡献给了东深供水工程。

当然,不单我们这批人,全体参加东深供水工程的建设者们也是不计较个人得失,用汗水和心血,甚至生命铸就了东深供水工程。

东深的磨砺使我日后的工作更得心应手

谈谈我参加这项工程的一点收获。在东深供水工程设计组工作的时候,由于工作条件较差,既没有电脑,更没有什么设计程序,手上只有一把计算尺,可以做简单的运算。当时分配我设计厂房排架和吊车梁等,这些结构外表简单,但如果要算出最大受力状况作为结构设计的依据,单靠一把计算尺还是挺困难的。设计图纸也是一笔一画地画出来,没有电脑画图那么容易。在设计院前辈们的指导下,我们最终圆满完成了设计。我后来被调到上埔工段参加施工管理和质量检查等工作,在那里又学到许多课堂上学不到的知识,为毕业以后的工作打下了坚实的基础。

毕业后,我分配到英德县水电局工作,1970 年被安排到小北江下游最大一个梯级——架桥石梯级综合工程。我负责灌区供水工程(包括水轮泵站和灌区供水系统)和水电站厂房的设计及施工管理工作。这个工程与东深供水工程有许多相似的地方,同样有拦河坝、抽水站厂房、供水系统等,有许多值得借鉴的地方。由于我参加过东深供水工程的设计和施工,使我的工作能很快顺利开展,独立完成了所承担的部分设计,并胜任了这么一个较大型工程的施工管理工作。

造福粤港两地的民心工程

最后，我想用一句话来表达东深供水工程的伟大历史意义：生命之水造福粤港两地，经济腾飞不忘东深供水。

我是新中国成立初期跟着父母从香港回到内地的，小时候在香港亲历了供水困难的境况。虽然，那个时候年幼，但缺水时排队取水的情况仍然记忆犹新。家里用水从来很节省，父母总要嘱咐我不要浪费水。家里的水洗完菜然后洗衣服，再用来冲厕所或拖地，一水多用、循环利用。当时因为缺水，香港的经济很差，我父母找不到工作失业了，实在无法维持下去，就经人介绍回到内地工作。我在香港还有许多亲戚，经常有来往，所以对香港的经济发展情况还是比较了解的。1965年以前，香港连食水都有困难，哪来的经济发展？更不要说什么腾飞啊、"四小龙"啊。现在香港成为国际商业中心、金融中心，其开始兴旺发展时期，正是始于兴建了东深供水工程、解决了饮用水困难之后。

所以说，东深供水工程是一项造福粤港两地千万民众的生命线工程，更是促进香港繁荣稳定和香港同胞幸福的民心工程。

香港水务署的有关负责人在接受记者采访时也多次指出，香港能有今天的发展，东深供水是一个非常重要的因素，如果没有它，香港的发展历史和荣耀就不会是现在这样。

口述者为当年参与东深供水首期工程建设的广东工学院学生。

幸得往矣，青春无悔

◆口述者：陈韶鹃

关于东深供水工程，我们同学一起参与的是首期建设工作。首期开工建设距今已有 50 余年。

1960 年 9 月至 1965 年 7 月，我就读于广东工学院（现广东工业大学）土木系农田水利专业。1964 年 4 月至 11 月，我们系 80 多名四年级学生，响应党的号召和学院安排，到东江—深圳供水工程工地参加建设，承担技术工作。80 多人 4 月上旬到达工地后，分配到指挥部或工程沿线几十公里的工区（工段），工作时间达 7 个多月之久。其间，学院与系领导及多名老师曾到工地看望大家和指导工作。

我先在东莞塘厦给广东省水利电力厅设计院的工程师、技术员当助理、搞设计。后来，我与另外两位男同学陈国武、李成求被抽调到深圳水库工作，这里的主要任务是水库主坝的加高培厚、副坝改造及实验室工作等。当时我所在的工地人数最多时有近千人，施工人员主要来自宝安县各受益公社派出的劳力以及知青等。工程技术骨干有广东省水利电力厅下属各水电、机电工程局与深圳水库等单位技术人员。我们与他们一道，承担施工中的所有技术工作与管理。

在时间紧、任务重的工程建设过程中，工地上无论领导、技术人员、工人、民工，人人发扬"一不怕苦，二不怕死"的革命精神，个个鼓足干劲，努力奋战，为按时、优质完成党中央和省委省政府

当年参与东深供水首期工程建设的广东工学院大学生，右一为口述者。（口述者供图）

交给的任务，为香港同胞早日喝上东江水而日夜战斗。

半年的水库工地工作与生活、火热的施工场面、上下齐心奋斗的情景至今难忘。而当中有两件事更是留下了深刻的印象。一件事是施工期间遭受了数次台风袭击，其中最严重的一次发生在10月，12级台风（阵风14级）正面袭击深圳，狂风暴雨，异常猛烈，连牛都被吹走，大树连根拔起。一名退伍兵形容"往前行走一步退十步，仿佛前面驾有无数机关枪在横扫一般"。在建工程的安全受到严峻考验，我亲眼目睹水库水面被吹起巨浪，拍向大坝内坡，然后升为水柱，越过坝顶洒向下游。同学李成求，在狂风暴雨中前行，无法控制身体直往后猛退，幸好抱住旁边一棵树才幸免未摔地受伤。人们三五成群地手挽着手，冒雨顶风逆行，大家不顾个人安危，日夜值守，奋力抢险，确保大坝安全。当时，很多工棚是用竹笪围起来做墙、

71

当年参与东深供水首期工程建设的广东工学院大学生，左三为口述者。（口述者供图）

杉树皮或油毛毡作顶临时搭建的。强风暴雨致使多座工棚被掀顶或倒塌，多人受伤。然而，大家毫不畏惧，灾后迅速投入恢复工作，工程进度没受多大影响。当年台风来得很急而且很频繁，记忆中时至 11 月仍有台风肆虐，只是程度稍弱。

另一件难忘的事是，在工程建设期间，一名同学因公殉职。他名叫罗家强，在沙岭工段负责工程施工，他工作踏实认真，任劳任怨，责任心强，不怕苦不怕累，在施工中发生事故，不幸以身殉职，献出了年轻的生命，永远地离开了我们。我们永远缅怀他，也希望更多的人记住他，记住那个时代和罗家强同学一样无私奉献的建设者们。

难忘的青春时刻，一群热血学子，还在接受知识传授之时，能有机会参加到东深供水工程的建设中，我们感到非常荣幸和无比自豪。工地生活虽然条件艰苦，但接受了磨炼，从实践中学到了课堂上难得的知识。尤其是那种不怕困难、积极进取的东深精神，永远激励着我们。

当年参与东深供水首期工程建设的广东工学院大学生，前左二为口述者。（口述者供图）

1965年毕业后，我被分配到湖南省郴州地区工作，参与过一座大型水库的修建和管理，长达10年，后在地区水利局从事工程管理。1987年调回广州市水利局，先后在流溪河灌区及市局工程管理处工作，至1995年退休。30年来一直坚持在水利部门，而东深的峥嵘岁月永留心中。

口述者为当年参与东深供水首期工程建设的广东工学院学生。

咱们工人有力量

◆口述者：陈宝强

东深供水工程开建时，我是广东省水利电力厅下属的机械施工队的工人。"要高山低头，令河水倒流"是首期工程建设时期的口号，也是人与自然较量的真实写照。当时，现代化作业工具还并不普及，主要依靠的仍然是人力。为了建设这项重大工程，

东深供水首期工程旗岭闸坝防渗墙施工。
（图源：《东江—深圳供水工程志》）

广东省水利电力厅按照省委、省政府要求成立工程建设指挥部，组织调动了大批民工投入施工。

在工程施工现场，除几台压土机、拌和机、碎石机外，锄头、铁锹、扁担和手推车等这些原始工具是最有用的"利器"，陪伴着工人们度过了那一段艰苦奋斗的岁月。

开山劈岭、凿洞架桥，上万知青、农民靠肩挑人扛，用短短一年时间完成了东深供水工程建设，顺利完成了引东江水供给香港的使命。

首先到现场的是发电机和抽水机

1963年，香港大旱期间，深圳水库已竭尽所能，对港供水增加

东深供水首期工程建设工地，可见"要高山低头，令河水倒流"的口号。（广东省水利厅供图）

了 317 万立方米。但此时的深圳也和香港一样，深受干旱的考验，当地群众生活、农业灌溉也急需用水，亦无力对香港供更多的水了。

作为解决香港水荒的治本之策，引进东江水因此变得更为急迫。也是在这一年，港英政府与广东省政府达成共识，引东江水并兴建东深供水工程对香港供水。这一共识很快得到了中央的认可，周恩来总理对此非常重视，特批中央财政拨款人民币 3800 万元用于建设东深供水工程。

1964 年 2 月 20 日，东深供水工程全线开工。

1964 年 4 月，工程开工建设没多久，我就进入施工现场。那一年，我 24 岁。当时四个工地为一个工区，沙岭、竹塘、上埔、雁田抽水站为一个工区，我去的是沙岭工地。沙岭是最大的工地，停放了十几部解放牌汽车，用于机械设备、沙石、水泥、钢筋等材料的运输。

那个时候，大多数工地都尚未通电，只能用柴油发电机发电。为通水，须先通电，所以，发电机、抽水机早于施工人员一步先行抵达现场。作为机电维修工，我主要负责的是一些机械设备的维护工作，也会辅助施工做些其他的修补工作。

印象中，我们进入沙岭工地时，地上已经铺上了钢筋，倒上了水泥，发电机、拌和机、碎石机等设备早早被拆分装运了进来，大部分机械设备已经完成了安装。采石场离工地很远，碎石机就放在采石场附近，将碎石运到工地，需要借助汽车运输，同时还配备了人力推车来辅助运输。指挥部也从当地招募了一批民工，搬搬抬抬，修修补补，共同帮忙保障工程材料的运输供给。

工地上还放着几台珍贵的拌和机，用于水泥的搅拌。水泥搅拌好后，需要及时浇灌。一般木工师傅做好模型后，我们会立即扎好钢筋，开始倒水泥，进行浇灌。

除此之外，我们小组还需负责震荡枪等设备的维修工作。震荡枪分两种，一种是风动的，一种是电动的。风动震荡枪是很大的，这些设备都不能少，因为浇筑水泥时怕有气泡产生，这就需要适当加强振捣来消除这些气泡。

这些机械在当时都是非常珍贵的，一旦有损坏，一时半会也难以找到替代新机，耽误工期。我平时的工作就是确保这些装备完好，坏了就要及时修好。很多时候，在我的心里，这些机械设备比我自己都重要。东深供水工程能够如期完工、成功通水，也有它们的功劳。

昏黄的灯光照亮了这片河滩，机器的齿轮转动，带着石块、铁板、橡胶带相互摩擦，发出轰轰隆隆、滋滋卡卡的声响，每一道光、每一声响动，与一滴又一滴的汗水相互交叠，改写了这片茅草地的历史。于是，东深供水工程的"奇迹"就这样发生了，在茅草地上"长出"厂房，在河中"长出"水闸。这归功于机械的作用力，也是人心凝聚催化出的力量，终能感天动地。

后来才知道，原来爱人也是当时的工友

讲起东深供水工程，对于我个人来说，它还有一个特别的意义，颇有些"人之缘分，妙不可言"的意味。

工程建成不久，我们这些在工地参与施工的工人各自回到了自己的工作岗位，投入新的战斗，生活也渐渐恢复日常，结婚生子，日出而作、日落而息。

一次很偶然的机会，我竟发现，我爱人也在东深供水工程做过工。原来未结婚前，我们就已经是东深供水工程的工友了。当时为了快速建好东深供水工程，广东省政府、省水利电力厅从五湖四海、各行各业抽调了大批人员前往支援，有设计人员、施工人员等逾万人进入工地现场工作。

我当时在沙岭工地，我爱人在旗岭工地，完成工程任务后各自去了不同的工作单位。后来经人介绍认识，交往之后才知道我们都参加过东深供水工程建设。

那时候工地条件艰苦，首要之苦是食宿艰难。住的都是茅棚，那种用竹架搭起来的棚子，房顶用的是沥青油纸，墙体都是用禾草加点泥黏合而成的。每当知道台风要来时，我们都会用绳子在茅棚四周做一些加固，以防台风把房顶掀掉。不固定不行，竹棚是没有地基的，很容易被台风吹走，那我们就没地方住了。

像这类用茅草、竹子等材料临时搭起来的工棚，不仅怕风怕雨，也怕火。竹塘的工棚就起过火，记得一次厨房点炉子煮饭，遇上了刮台风，不知怎么不小心火苗吹到工棚，火一下子就烧起来了，当时风太大，根本来不及施救，才一会儿工夫，工棚就烧没了。

那时吃得也很简单。沙岭工地周围都是农村，50多年前的东莞

东深供水首期工程竹塘泵站及闸坝。（图源：《东江—深圳供水工程志》）

农村很落后、很贫瘠，没有太多东西可以供应，吃的菜只有冬瓜和腐乳，大部分饭堂都是如此，大家都是这么吃的，不吃就没其他可吃了。

也有些工友会从老家带些乌榄过来。在广东，不少地方会生长一种长得像橄榄一样的小果子，有止血、利水、解毒的药效。核还能用来做艺术品，雕船舶啥的。听工友们说，这种小果子叫"乌榄"。刚开始好多人都不太会吃，因为特别硬，很难嚼。后来才知道要用温水泡软后才能吃。我们就用发电机冷却池里的热水将乌榄泡软，用来拌米饭、调口味。

那时候，工地规定一周可以休息一天。每逢休息时，我们偶尔也会去逛逛附近村镇的墟市，去到离工地很远的集市，买些食材回来煮。但这种机会也并不多，因为大多数时间都需要赶工，并没有太多整段的休息时间，似乎当时大家也都没有去计较工时是怎么计算的、吃住要如何讲究等问题，大家想的、做的都是加紧把手头的活干完，早日完成工程通水。

另外，就是饮水和洗澡问题难以解决。那时候机器珍贵，像发电机这样的机械设备也都被妥当放置在小一点的茅棚里。刚好发电机一般都需要用水来进行冷却，我们就做了个水循环设施，从河里抽水，冷却发电机，这样洗澡也能用这些水。特别是天冷的时候，没有热水洗澡，发电机冷却池的热水显得尤其珍贵。

因为到工地的机械维修工都是男同志，我们就把冲凉房设在了发电机房的附近，专门找了一个桶，装发电机冷却池的水用来洗澡。当然洗澡房也是没有门的，地上铺些木板，再用竹子间隔开，形成一间间简易的洗澡间。

喝水也是一个大难题！我们在竹塘的时候，只能喝河水。附近只有一条小河，河不算很宽，洗澡、食饮都用那条河的水，喝水时常常会有一阵阵香皂的味道，但也没办法，没有其他水了。这种无水可用、无水可食的状态也加深了我们对香港缺水的理解，反而更多了一种建好这项工程的迫切感。

台风下作业是一种工作常态

建设东深供水工程、解决香港同胞用水问题任务艰巨，急需在一年内完成"要高山低头，令河水倒流"的工程建设任务，以一级一级引水的方式，在东江河口开挖河道，分 8 级提水到雁田水库，最后利用自然重力让东江水流到深圳水库，输往香港。

工期紧迫，工作强度也随之加大。尤其是施工人员，每一个人都是随叫随到，没有固定的时间，即便在宿舍休息，一有工作任务就马上出动，从不推诿。大家心里总想着香港同胞等着用水，千万不能怠慢了这项工作，所以干起活来，都是全力以赴，百分百身心投入。

工地施工其实并不容易，处处潜藏着安全风险，特别是当时条件有限，机械化程度并不高，危险指数相对更高。记得当时还组织调配不少广东工学院（现广东工业大学）的学生前去支援工程建设。他们也和我们一起在现场干活，还帮我们承担了不少繁重的工作。

有一次，拦河坝浇筑施工，广东工学院有一位姓罗的同学在施工过程中不慎从坝墩上摔下受重伤。我们赶紧将人送到医院急救，但医院离工地距离很远，送到医院后已经失血过多，人还是没有救过来。经过这次意外后，大家的心情都非常沉重，都为一个年轻生命的逝去而感到悲痛、惋惜。

这件事情也强化了大家对安全生产的重视，往后的施工中，大家也会多一份小心。只是等到真的要应对天灾之祸时，我们又顾不上思虑太多，一投入工作，又将这一切都抛之于脑后，剩下的就是全力以赴地处理好现场的每一份工作。

4月到10月的施工期内，很长一段时间是广东的汛期，台风频发，在台风下作业几乎成为一种工作常态。台风过后需要立即抽水，水抽走了，水位降低，这样才能继续工作。记得有一个星期连刮了两场台风，雨下得很大，施工工地浸水严重，需要抽水，大家紧急行动，一片繁忙。现在回想起来，当时还挺危险的，水位很高，已经没过了膝盖。我们只好分几班来抽水，争分夺秒，确保快速将水抽走，尽快降低水位。

台风过境时，还有一项重要的工作就是保护水泥。当时，为了防台防汛，工地特意自建和租借了一部分泥砖房，用来存放重要的建材，水泥就是其中之一。台风一来，我们需要把裸露在外的水泥紧急搬进室内，这又是另一个抢救物资的紧急战场。

除了台风这样的紧急情况，工地日常的工作量也不小。特别是围堰合龙的时候，需要抢工期，参加过工地施工的人都知道，围堰合龙的时候，就不能休息。这个时候，你也不会想着休息，一定会一口气把活干完，达到水进不来为止。工期进度也拖不得，不然很多工作又需要重新调整。

　　我听我爱人说，旗岭那边有条围堰合龙的时候，一场台风来了，结果暴雨洪水把围堰冲垮了，又要重新开始劳作。工人们需要肩挑泥石，去堵塞围堰缺口。那时候机械不像现在这样普及，一般机械设备只留给最艰难的工程，一般工程都是靠人力挑泥、搬运石头，一点一点垒起来的。

　　就这样，我一直坚持忙到 8 月，给抽水站工程底部浇筑好水泥后，就到厂房里去装抽水机，装完后就回来了。记得当时施工人员都是几个人一组，分批次从工地离开。完工后，我们一组人也自行坐火车回到广州，各自回到原来的工作岗位上。

　　现在回想起来，依然觉得东深供水工程的建设是一件不可思议的事情。它实现了从东江输水过去，让河水从低处向高处倒流，一级一级提水上去的目标。虽然条件艰苦，但建设速度快。

　　我家中一直存放着一张老照片，照片中有两位女同志推着装有碎石的车子向前行走，她们也是从广州过来的工人。每次看到这张老照片，重启那段记忆，感觉虽然过程辛苦、劳作艰辛，但同时也有一份深深的自豪感，有感于人之坚毅，金石可镂。

　　口述者为当年参与东深供水首期工程建设的建设者。

东江之水越山来

陈室绳

东深对港供水支撑了
香港的繁华与稳定

◆口述者：高赞觉（香港）

我 1968 年自香港大学土木工程系毕业并接受基本培训后，加入水务局（1982 年改为水务署）。1976 年获得水务局保送去英国伯明瀚大学深造，考获水源科技硕士学位。随后被水务局派遣协助处理东江水供香港的扩建事宜，从此便与东江水结下不解之缘。第一期扩建，我当工程师，直接跟随水务局第一位华人助理局长刘道轩先生；第二期扩建，我当高级工程师，直接跟随水务署另一位华人助理署长梁国伟先生（当时刘道轩已退休）。

由于 1989 年粤港双方达成一份长期由粤方供应东江水给港方的协议，还明确供水数量的增加、最终供水量之规范、水费的调整方法、双方要配合的工程等相关内容，水务署于是在第三期扩建中，设立一个助理署长，统筹一切联络、规划、设计、建设等事情。因前助理署长梁国伟已退休，这个职位就由我来任。

第四期改造时，我担任水务署第三位华人署长。

东深工程对港供水，香港供水危机彻底解除

早在 1960 年，港英政府已向广东省购买淡水。1960 年 11 月 15 日，港英政府和广东省政府签订第一份供水协议。一条直径 48 英寸的输水管继而迅速建成，于同年 12 月开始从深圳输水到香港。1963 年，香港遭遇历史罕见大旱，全年降雨量为 901 毫米，远少于每年平均

约2400毫米的雨量，缺水严重，被迫"制水"（限制用水）。最严重时4天供水一次，每次仅4个小时。1963年至1964年间，香港缺水状况严峻，经广东省政府同意，港英政府在1963年安排了14艘油轮从珠江口运载淡水到香港。为从根本上解决香港缺水问题，港英政府和广东省政

广东省政府代表和港英政府代表于1989年签署第五份供水协议，后排左二为口述者。（口述者供图）

府经过多轮磋商后提出解决方案，并于1963年12月经周恩来总理亲自批准兴建东深供水工程，由中央人民政府拨专款建设，仅用约一年时间将工程建成。

1965年3月1日，东深供水工程正式向香港供水，香港的供水危机得以逐步解除。最初的东深供水工程北起东江，南到深圳水库，全长83公里。东深供水工程将东江水提升46米后，使"江水倒流"至深圳水库，实现"要高山低头，令河水倒流"。

随着香港及东深供水工程沿线城市的快速发展，用水需求不断增加、要求不断提高，广东省又投入巨资，先后对东深供水工程进行3次扩建和1次改造。如今，东深供水工程年最高供水能力达24.23亿立方米。

东深供水工程的第一次扩建于1974年进行，扩建工程主要包括：扩建抽水站及扩建供水河道、渠道。第二次扩建于1981年进行，扩建工程主要包括：新建东江抽水站作为第一级抽水站直接抽取东江水，扩建抽水站，扩建供水河道及渠道，加高深圳水库大坝。到1989年，广东省政府和港英政府代表签署第五份供水协议，为了配合长期从东江供水给香港的输送和接收，双方都要进行大规模扩建工程。东深供水工程于1990年开始进行第三次扩建，扩建工程主要

生物硝化站全景。东深供水工程的深圳水库入口处设置生物硝化站，可有效净化水体。（广东省水利厅供图）

包括扩建抽水站，新建雁田隧洞，扩建供水河道及渠道等。

东深供水改造工程于 2000 年开始动工，并于 2003 年 6 月建成启用。该工程主要是建设专用输水管道，工程设计过水流量为 100 立方米每秒，年供水能力提升至 24.23 亿立方米。工程启用后，东江水经过新建的专用输水管道至深圳水库，不再经过原来的天然河道——石马河，实现了清污分流，供水质量大大提升。改造后，东深供水工程全长为 68 公里，包括专用输水管道、4 座泵站、1 座生物硝化站、1 座调节水库。工程沿着东江边上的太园泵站南下，先后经过莲湖、旗岭和金湖泵站，最后流入深圳水库。

在几次扩建改造中，供水水质与供水量同样得到重视。输港的东江水水质符合东江水供水协议订定的国家《地表水环境质量标准》（GB 3838—2002）Ⅱ类水标准（适用于集中式生活饮用水地表水源地一级保护区）。为保障东深供水工程供水质量，广东省政府采取的主要措施包括：一是上移取水口，于 1998 年将东深供水工程的取水口上移至水质较佳的地点（现在太园泵站）；二是建生物硝化站，于 1998 年底启用建在深圳水库入库进水口的生物硝化站以改善水质；三是对东深供水工程进行全面改造，于 2000 年开始兴建一条从东江太园到深圳水库的专用输水管道，实现清污分流以更大幅度提高供港东江水水质，该管道于 2003 年启用后，供港东江水水质明显改善；四是建设石马河调污工程，于 2005 年完成石马河调污工程，该工程利用一道橡胶坝阻截石马河污水从太园泵站取水口附近流入东江，令供港东江水水质更有保证；五是开展沙湾河水环境综合整治，于 2016 年底实施沙湾河水环境综合整治工程，减低深圳水库受沙湾河排洪污染的风险，以保障深圳水库的水质，工程已于 2020 年完工。

自从实施东深供水工程改造建造专用输水管道，以及建设一座生物硝化站之后，对港供水水质得到十分大的改善。

适应供水规模增长，香港大力发展原水系统

为配合东深供水工程的扩建，香港主要原水系统也需要大力发展。为配合东深供水工程第一期扩建，香港木湖的原水接收设施于 1976 年展开扩展工程，主要包括：敷设横跨深圳河的第二条水管，在木湖加建一个接收池及抽水站，在木湖与梧桐河抽水站之间加设一条水管，兴建一个新的水管与隧道管道系统，经南涌把梧桐河的输水设施与船湾淡水湖连接等。

为配合东深供水工程第二期扩建，香港于 1981 年展开了为期 12 年并分三期施工的"日后广东增加对港供水"工程计划。第一期工程主要包括：兴建新的木湖至凹头输水系统，并在两地兴建抽水站；在木湖与上水之间多敷设一条水管；在粉岭兴建一座增压抽水站；在清潭与油柑头之间兴建一条隧道；兴建大埔头"C"抽水站及改善输水往沙田的隧道；增加城门水塘与下城门水塘之间的输水量等。第二期工程主要包括：多敷设一条由上水通往大埔的桥头涵洞的水管，以增加木湖至大埔头供水系统的输水量；敷设一条由大埔至牛潭尾的水管，以便反向由船湾淡水湖输水至新界西部地区；在船湾淡水湖兴建大尾笃"B"抽水站及白沙头洲抽水站；在白沙

头洲与西澳之间敷设一条横跨赤门海峡的海底水管等。第三期工程主要包括：增加白沙头洲抽水量；完成与西澳连接水管的有关工程等。

为配合东深供水工程第三期扩建，香港于 1991 年展开"1994年后广东对港供水"工程计划，以接收和运送更加大量的东江供水。工程内容主要包括：兴建木湖第三个抽水站，兴建大埔头第四个抽水站，提升大尾笃"A"抽水站，于西澳兴建增压抽水站，于多个地方敷设双水管等。

此外，还规划建设足够的滤水设施及配水设施，以供应不断增加的食水要求。四大滤水厂包括牛潭尾、大埔、马鞍山及小蚝湾滤水厂。

水务署在接收东江水的木湖原水抽水站设有 24 小时在线水质监测系统，对供港东江水水质进行持续监测。水务署亦定期于木湖原水抽水站抽取东江水样本进行详细分析，确保供港东江水水质符合有关标准。水务署会因应东江水水质按需要调校有关滤水厂的食水处理程序，确保经处理的食水水质符合香港食水标准。如发现东江水水质出现异常，水务署会实时采取适当措施，包括提升在木湖原

木湖泵站。东江水从深圳水库流进香港后，进入第一级泵站——木湖泵站，然后再分东、中、西三路至自来水厂（香港叫滤水厂）加工后送入千家万户。（连登泰供图）

水抽水站东江水水质的有关项目的监控、调校滤水厂的食水处理程序，以及在有需要时与广东省相关部门联络以暂时减少或暂停东江水的供应。

现时香港主要原水系统、香港木湖原水抽水站在接收了东江水后，通过3条主要供水管道系统（西部路线、中央路线及东部路线）输送至部分滤水设施做直接处理，或送至部分指定水塘暂时储存后，再到下游的滤水厂再做处理。供水管道系统详情如下。

西部路线：东江水沿西部路线输往牛潭尾滤水厂、凹头滤水厂做直接处理，往大榄涌水塘做暂时储存及其下游的滤水厂再做处理。

中央路线：东江水沿中央路线输往上水滤水厂、油柑头滤水厂、大埔滤水厂及沙田滤水厂做直接处理，往船湾淡水湖作暂时储存及其下游的滤水厂再做处理。

东部路线：东江水沿东部路线输往船湾淡水湖作暂时储存及其下游的滤水厂再做处理。

上述3条路线于大埔头原水抽水站互相连接形成供水网络，互为备用，以便供水系统的运作发挥最大的灵活性，提高供水保证率。这安排在每年12月的东江水停水期尤其重要，因为在该段期间须从船湾淡水湖及万宜水库输出原水，以维持沙田滤水厂、大埔滤水厂及本港其他滤水厂的产量。

东深工程改扩建，国家处处为香港有足够的供水着想

东江是广州、深圳、东莞、惠州、河源等地的主要供水水源，同时担负着对香港供水的重要任务，总供水人口近4000万人。东江流域年人均水资源量仅为800立方米，按照国际评价标准属于缺水地区。因此，广东省对东江水资源实行分配制，并按水资源分配总量对流域水量实行全年调度，以确保有限的水资源得到合理、高效的利用。另外，东江水资源利用率已非常接近开发上限，可见水资

源相当紧张。

香港与广东省有着差不多的气候环境（包括降雨量模式、温度等）。在干旱年份，不仅本地集水量会减少，可供分配的东江水量亦会缩减。因此，我们需要与粤方在供水协议中订定条款，保证香港能够获得稳妥的供水量。否则一旦发生旱灾，我们将无法保证粤方能满足香港的需求，提高供港的东江水量。为保障香港的供水安全，我们现行东江水供水协议以统包的原则，确定每年供水量上限，足够令我们纵使在百年一遇的极旱情况下，仍能维持全日供水。

在两难的情况下，国家仍然以维持足够的东江水供应香港，可见国家是处处为香港有足够的供水着想的。

东深供水工程对香港供水，支撑了香港经济发展。香港自1965年起输入东江水，已满足本地用水需求。一直以来，我们有赖东深供水工程及有关扩建及改造工程供应东江水，以支撑我们的繁华与稳定。香港本地生产总值（以当时市价计算）由1965年的140亿港元上升至1997年的14000亿港元，上升100倍。2020年的本地生产总值为27000亿港元，较1997年再翻了近1倍。

口述者为香港水务署原署长。

滴水之恩，涌泉相報

高贊覺

东深供水工程
是我们实践的大课堂

◆口述者：陈汝基

　　1963 年，香港遭遇大旱，水贵如油，市民苦不堪言。为解决香港市民及各行各业用水，港英政府和广东省政府签订协议，由广东设法帮助解决香港用水难问题。党中央高度重视香港水荒问题，周恩来总理亲自批示兴建东江—深圳供水工程，并作出批示，供水工程，由国家举办，应当列入国家计划，作为援外专项项目，因为香港百分之九十五以上是自己的同胞。

　　国家把任务下达给广东，要求广东务必在 1965 年 3 月 1 日前完成。时间紧，任务重，技术力量不足。广东工学院 65 届农田水利专业的 80 多名学生也被派去支援。就这样，我有幸参加了东深供水工程的建设施工。

　　我被安排到凤岗工区工务股工作。凤岗工区下辖竹塘、沙岭、上埔、雁田 4 个工程段，并附设 1 个石场。工务股的任务主要是制订下辖 4 个工段每月的施工进度、建材用量计划，统计工程施工完成情况，处理施工中出现的疑难问题，等等。股内一共 5 个人，一个工程师廖工，已六十多岁，身材高瘦、体质羸弱，是雁田水库的设计工程师；一个叫张胜基，他是当地的公社基层干部，善于抄写；一个叫朱德彰，是省统计学校刚毕业的学生；一个叫钟仔，刚从东莞供销社来的青年；还有我。我们 5 个人，经常要下到 4 个工段去了解有关施工进度，帮助制订每月的施工进度计划、材料需用计划，以及反映施工中遇到的疑难问题等。由于在学校学习了不少基础知识，我很快就能胜任工作了。

我们在东深供水工程工作了7个多月，有两件事使我终生难忘。

连夜涉水去排险

第一件事：抗击强台风、防洪抢险。

1964年台风特别多、特别强，施工期间先后遭受5次强台风的袭击，其中在珠江口登陆的就有18号、19号两次强台风。

记忆中，18号台风在10月中旬登陆珠江口，凤岗工区下辖4个工段均受到严重影响。阵风14级带来的特大狂风暴雨下了整整一

东深供水首期工程第六级泵站——沙岭泵站枢纽。（广东粤港供水有限公司供图）

东深供水首期工程建设工地，施工人员正加紧建设。（图源：《东江—深圳供水工程志》）

夜，总降雨量达到 300 多毫米。刮风当晚，我在值班室值班，一阵暴风把隔壁的职工厨房、饭堂顶棚吹走了，我们住的宿舍也吹塌了，床铺、衣物全都湿透。第二天大雨还是不停地下，离工区约 500 米的沙岭工程因河水暴涨，闸坝施工围堰危在旦夕，工区领导带领全工区职工（值班的除外）前往支援抢险，我也顾不了一夜值班的劳累，与工区其他同志一道，冲到沙岭工段工地，投入施工围堰加高、加固工作中。

"河水涨一尺，围堰高一米"，中午也没休息，大家连续奋战到傍晚 6 点多钟才回到工区宿舍。由于宿舍棚盖被狂风吹走了，被褥、蚊帐、床铺、衣物全被大雨淋湿，我和朱德彰、钟仔 3 人只好在值班室仅有的一张床上蜷缩着过了一夜。第三天一早，又发扬不怕艰苦、连续战斗的作风投入到工作中。

时隔不到1个月，19号强台风又来了。这次台风，风特猛，雨特大，一天一夜下雨300多毫米，上游雁田水库水位上涨，很快就上升到警戒水位，不得不打开泄洪闸门泄洪。雁田水库一泄洪，下游的上埔、

东深供水首期工程建成时的雁田水库，是当时东江水倒流的至高点。（广东粤港供水有限公司供图）

沙岭、竹塘工段河水水位跟着上涨。半夜12点，竹塘工段打来电话说围堰快淹没过顶了，要求关闭雁田水库泄洪闸，否则就有围堰垮塌的危险。我们迅速把信息告知雁田水库工段，但电话打了多次，就是打不通。怎么办？工区领导命令由工务股派人护送廖工前去处理，我自告奋勇承担护送廖工的任务。当时还刮着8级大风，雨还不停地下，我和廖工二人坐上工区的解放牌汽车前往雁田水库。

汽车行至上埔工段附近时遇到了一段低洼路段，汽车没法开过去，司机说："我只能送你们到这里了，还去不去，你们考虑决定吧！"这时，我想起有一条小路，只要翻过一座约60米高的小山，再过一座小桥就可以到达上埔工段指挥部办公室，到了那里，先打个电话与雁田工段联系一下也好。于是，我们下了车，靠着手电筒微弱的光，翻过约60米高的小山，过了小桥，到达了上埔工段指挥部。然而，电话还是打不通。怎么办？廖工说："我们的目的地是雁田水库，若去不到雁田工段，水库的泄洪闸就关不了，下游沙岭、竹塘工段的围堰就有垮塌的危险。围堰一垮塌，就会拖延两个工程的施工进度。

这里离雁田水库还有两公里多的路程，我们走路去吧！"

就这样，我和廖工迅速步行前往雁田工段。当行至低洼路段，河水淹至胸口，我死死拉着廖工，靠着公路两旁的树作导向，朝着公路的中线，冒着被洪水冲走的危险，一步一步涉水过了 300 多米的低洼公路，再半跑半行两公里多的路程，于深夜两点多钟赶到雁田工段，及时指挥关闭雁田水库泄洪闸，减少了泄洪流量，降低下游水位，从而保住了下游竹塘等工段的围堰，确保了围堰安全。

为了工程而奉献

第二件事：罗家强同学的安全事故。

深秋十月，天高云淡，正是水利工程施工的大好时机。我们原广东工学院 65 届农田水利专业 80 多名同学支援东深供水工程建设施工已干了 6 个多月。东深供水工程中的沙岭工段，也与其他工段一样，施工进展顺利。当时，工程中的抽水站机房、拦河坝的副坝（土坝）已基本完成，钢筋混凝土溢流坝坝体已完成，闸门钢底槛、边框导轨已安装，正待浇筑二期混凝土，尚欠拦河坝的边墩。

出现事故当天，浇筑边墩混凝土，被安排在沙岭工段负责施工的罗家强同学现场值班。当浇筑混凝土调整工作面、需移动风动振荡器送风胶管时，罗家强走到闸墩顶上，拉着风管后退，一不小心，从闸门的上落孔失足跌到溢流坝已安装的闸门底槛上。跌落时，头朝下，正好碰到闸门底槛，头骨破裂，裂缝长约 10 公分。发生事故当天，我正好参加沙岭的义务劳动。沙岭工段段长覃坤找来工地卫生员李医生，对罗家强先做急救处理，又找来解放牌汽车，和我一起把罗家强送往塘厦工地医院抢救。

　　工程总指挥部的领导得知罗家强同学出现安全事故后，第一时间赶到医院，请求医务人员想方设法全力抢救；在工程总指挥部、塘厦工段工作的谭佑护等同学也非常关心，迅速来到医院看望罗家强同学，表示需要帮忙就全力帮忙，需要献血就献血。但由于罗家强同学的伤势太重，经抢救无效献出年轻的生命。

　　在工务股，除完成每天的工作外，我还运用在学校学到的书本知识，帮助沙岭工段设计了抽水泵站厂房房盖施工用的大跨度平行桁架代替模板支撑，使得该站提前了15天进入机械安装。

　　东深供水工程不仅是一项供水香港、解决香港几百万同胞用水的伟大工程，对于我们80多位学子来说，更是一个实践锻炼、学习知识的大课堂。在那里，我们不仅初步接触社会，更学到了在课堂上学不到的知识，为毕业以后出来工作打下了初步的基础，也为东深供水工程的建设贡献了一份力量。

　　在工地期间，我们全身心投入工作，每月都能出色完成各项任务。有付出，就有收获，在召开"东江—深圳供水灌溉工程第二次五好单位、五好生产工作者代表会议"时，我被评为"五好生产工作者"，出席了代表会，受到工程总指挥部的表彰奖励。我们的工务股也被评为"五好单位"。

　　口述者为当年参与东深供水首期工程建设的广东工学院学生。

东深供水工程
是艰苦卓绝磨砺出来的精品

◆口述者：陈荣盛

东深供水工程是我离开大学走上工作岗位的一个过渡桥梁。可以说，它是我事业旅程的第一个落脚点，也是我世界观、人生观、价值观真正形成的起点。尽管离开这个工程已有几十年的光阴，但这段工作经历对我的影响始终如影随形，相伴终生。对于那段岁月的怀念也绵长而难忘。

实习期延长 4 个月

东深供水工程开工应该是在 1964 年 2 月，我们是 4 月去的，本来计划去 3 个月，后来足足待了 7 个月。当时工期比较紧，工地也缺乏技术人员，我们就多干了 4 个月。

由于当时施工现场工程技术人员紧缺，我们广东工学院土木工程系农田水利专业一共 84 人前往东深供水工程工地实习，支援工程建设。大部分人员直接分到各个工地参与设计、施工工作；也有少部分人留在了工程指挥

东深供水首期工程泵站机组。（图源：《东江—深圳供水工程志》）

部，被安排在工程科和质检科工作。我和另外一位同学被分到了实验室做试验工作。

实验室的首要工作是对工地的原材料如水泥、钢材和砂石等工料进行检验，看看是否符合出厂标号，以确定能否在工地上使用。

实验室的第二项工作是通过试验，确定工地所需要的各种标号混凝土的配合比，即确定不同标号的混凝土所需水泥、河沙、碎石以及水的用量，对各工地送上来的工程各部位混凝土进行抗压和抗渗强度试验，对不合格的及时通知工地翻工抢修。此外，还要对钢材进行拉伸强

陈荣盛在东深供水工程现场做混凝土试件养护、试压试验。（口述者供图）

度试验，测试水泥的稳定性，并为减少高标号水泥用量掺加粉煤灰，通过实验来确定不同标号水泥、不同标号混凝土中粉煤灰的添加数量。

当时，实验室的人手不够，我们就从工地抽调了四名知青加入工作。与此同时，我们还承担着为工地的试验人员进行培训的任务，还需不定期地下到各个工地进行检查和指导。

台风一来，吃饭和睡觉都成问题

我感受最明显的就是台风的影响。那一年台风特别多，工地条件又差，大家住的都是简易工棚，扛不住台风的侵袭。每次台风来袭，都会把屋顶掀翻，住的地方全部被雨水打湿，衣服行李也都湿了，

东深供水首期工程马滩泵站及闸坝。（广东粤港供水有限公司供图）

有的甚至泡在水里，吃饭和睡觉都成问题，工地也没法正常施工。

遇到这种情况，整个工地的施工都有可能停滞下来，往往一场台风导致工程停滞一周，同时还需要花时间去重建这些工棚。我们一边抢修生活设施，一边工作。

台风侵袭，更多的是对施工的影响。工程建了一部分，一场台风就有可能把正在建设的设施损毁。为了赶工期，也为了把台风带来的损失降到最低，施工单位往往提前采取防风措施抗风保工程。

台风带来的雨水也给我们的工作带来不少影响。特别是雨水对拌和混凝土影响很大，因为砂石材料都是露天堆放，雨水导致材料的含水量大大增加，现场工作人员就要及时测定砂石的含水量以便减少拌和混凝土时加入的水量。

有一次，强台风来袭时，我们正好巡回检查旗岭工地，此时上游施工围堰刚合龙，需要赶在洪峰到来之前快速加高，工地上的全体人员都积极投入到围堰加高加固工作中。此时洪水迅速上涨，为了不被洪水淹没工地，只能用单层砂包快速加高围堰，有很长一段时间加高的砂包超过一个人的高度，随时都可能坍塌，情况非常危险。为了施工人员安全，工地指挥部果断决定放弃围堰，人员火速撤离现场。人员撤离后，单层砂包加高的围堰很快就被洪水冲垮，避免了一场围堰坍塌造成人员伤亡的悲剧。

东深供水工程路线长、工地多，全长 80 多公里，要建 6 个拦河坝、8 个梯级抽水站。此外，还要改造石马河，新建输水渠道，因此实施起来很困难。当时公路还没有完全修通，很多地方不通车，要靠走路或骑自行车。每次下工地检查都要走很长很久的路，经常是风里来雨里去，头顶酷暑、脚踩泥泞，工作条件异常艰苦。

东深供水工程是艰苦奋斗的产物，是艰苦卓绝磨砺出来的精品，是几代人为之奋斗的硕果，确实来之不易。

随着广东水利事业的发展，东深供水工程规模逐渐扩大，管理也日益完善，转眼便走过了不平凡的 50 余年。我衷心祝愿她秀水长清、源远流长！

口述者为当年参与东深供水首期工程建设的广东工学院学生。

为木湖 B 泵房设计，
三日三夜加班加点

◆口述者：李铨（香港）

　　1966 年，我负责香港水务设施的营运及保养。东江水经过东深供水工程由北向南进入香港境内后，经过 48 英寸直径的钢管、短弯管、针型流量控制阀及输水管道输入香港木湖泵站。

　　在木湖泵站第一期时，原水经过喇叭型的过渡水池连接木湖泵站。当时每星期香港水务局的工作人员需要走到深圳罗湖桥上，与东深供水工程工作人员核对经文氏流量计测出的水量数据。在木湖泵站第二期时，我们加装了 4 部日立马达泵，并在深圳河边加建了另一个大水缸。由于从深圳送来的水量很大，于是我在输水口设计了一个飞机翼流线型设计装置以减少湍流。

　　到木湖泵站第三期时（约 1972 年后），我们的工程队伍在从深圳来水的管道上加装了文氏流量计，并把来水分成东面及西

香港接收东江水的专用钢管。（广东粤港供水有限公司供图）

99

香港木湖泵站，是接收东江水的第一级泵站。（连登泰供图）

面，分别输入木湖 B 泵房。我们用透明胶、木及橡胶造了一个长约18 尺至 20 尺的模型，以改良水泵入水口包括泵房内左右各 4 个水泵及泵房中间两条出水喉（管）。

关于木湖 B 泵房的设计，由于当时没有电脑，我只能使用计算尺，经过三日三夜加班加点，才完成泵房范围包括入水口、泵房及防水锤的设计。这三日三夜里，我几乎没怎么睡过觉，喝了很多咖啡，也吸了很多烟，幸好最终能顺利完成设计。

木湖泵房出水设有 4 条防水锤。当时新建水管是由玻璃纤维制造。防水锤的工程是用长筒与大水管连接，好像有 4 条在木湖。输水水管敷设在上水与大埔之间，顾问工程公司 Binnies 建议在山上兴建大水缸以防水锤效应，我则提议用数个大型减压阀门连接水管，这种设计比在山上兴建水缸便宜，而我的建议被采纳了。当时，一条新水管输水往凹头泵房及油柑头滤水厂，其余水管是输往大埔头及淡水湖（即粮船湾）。

我于1971年至1972年起跟随香港工务司卢秉信先生（J. J. Robson）到广州商讨水价及工作进展。记得每年（由1972年至1988年）我们都在农历新年前数天上广州商讨，东深供水局会设晚宴并送每人一盆大橘返港。我记得有一次在广州开会时，与工程师闭德广先生及周长江先生研究，在东深供水工程的泵房下层加装通风系统，改善空气质量。其他东深人员如魏厅长、茅总、陈局长等，我甚为感谢。多谢大家共同努力，使得工程圆满落成。

口述者为香港水务署原副署长。

国家的需要就是我们的志愿

◆口述者：廖仲兴

　　我是广东工学院 1965 届土木系农田水利专业的一名学生。1964年春开学不久，我们就接到参加东深供水工程建设的任务，大家心情异常兴奋，为能亲身参与解决香港居民用水困境这项有深远历史意义的国家工程而感到十分光荣。虽然因此耽误了一些学习时间，但是，我们是党和国家培养成长起来的青年一代，国家的需要就是我们的志愿。

东深供水首期工程建设司马站工地。（谢念生供图）

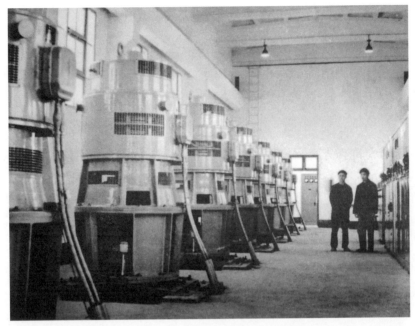

东深供水首期工程司马泵站机组。（广东粤港供水有限公司供图）

到工地后，我在工程建设总指挥部技术科协助区冠雄总工程师和何曙晖工程师工作。由于该工程前期的勘测、设计工作仓促，要求竣工时间短，在施工过程中遇到水文地质情况的差异，设计图纸都需要做及时修改。我们白天到工地现场参与施工管理，晚上经常加班处理各种技术问题。

为了工程顺利建成，早日解决香港缺水之苦，工作辛苦点大家也没有半点怨言。1964 年台风特别多，有多个台风在珠江口登陆，最严重的是 10 月 23 日强台风，把我们住的竹棚都吹翻了，我们仍坚守在工程一线，为的是工程早日完工向香港供水。

在工程总指挥部，我有幸旁听一些会议：广东省水利电力厅刘兆伦厅长与香港水务部门负责人商讨供水收费事宜，并转达了国务院周恩来总理的意见，要求港英政府降低香港居民用水收费标准，我方将以合适的水价并足量供给东江水。这充分体现了党中央和敬爱的周总理对香港同胞的关爱。

2013 年 10 月，广东省水利厅和广东工业大学邀请我们重游东深供水工程，经过多次扩建改造后的工程面貌使我们眼前一亮：原利用石马河、雁田水河道梯级提水已改为专用输水渠道，架渡槽、穿山洞，确保水道不受周边环境的干扰。在深圳水库增设了国内最先进的生物净化池，使供往香港的水质更洁净、更清甜。

实际上，东深供水工程不仅满足了对深圳和香港的供水需要，同时也对沿途地区的百姓用水安全起到很大的保障作用。现如今，通过东深供水工程每年供给工程沿线东莞 8 个镇的水量达 4 亿立方米，有力保障了这些地区群众饮用水安全和经济快速发展。

口述者为当年参与东深供水首期工程建设的广东工学院学生。

急援东深，
我们职业生涯的里程碑

◆口述者：谢念生

57 年前，广东工学院（现广东工业大学）土木系四年级近百名师生，为了支援东深供水工程建设，奔赴工地最前线，艰苦奋战 7 个多月，为解决几百万香港同胞的饮用水困难，作出了不可磨灭的贡献，还有一位同学为此献出了年轻宝贵的生命。这段鲜为人知的尘封史实，值得大书一笔，载入广东水利建设史册。

广东担起同胞用水重任，近百在校师生奋战一线

1963 年春夏，南粤奇旱。香港地区缺水尤甚，居民饮用水大受限制，接水排队长龙随处可见。危急形势下，港英政府把希望寄托在与香港毗邻的广东省。经与广东方面会谈，港方除暂派船只到珠江口运取淡水解决急需外，更迫切希望长远解决缺水水源问题。

面对香港数百万同胞的困境，广东省紧急上报周恩来总理。党中央、国务院十分重视，批示广东省委、省政府尽速落实解决。几经研究、分析、论证，最后决定开展东深供水工程建设。

东深供水工程建设方案的要点是：在东江东莞桥头镇江段取水，沿东莞石马河建设 6 个梯级拦河坝、8 个抽水站，将东江水逐级提升 46 米后，令河水改向从北向南倒流入雁田水库，之后注入深圳水库，再用输水管道接入香港供水系统，交由港方供应香港居民使用。

粤港两地，一衣带水！广东人民义无反顾地挑起这副重担。这是一项具有重大意义的供水工程。由国家投资、广东省主办、地方协助兴建的跨流域大型调水工程，关系到几百万香港同胞的饮用水安全。

为了确保打赢这场硬仗，广东省水利电力厅成立了东深供水工程指挥部，设于东莞塘厦镇，下设4个工区，分辖8个工段、2个水库。

1964年2月20日，工程破土动工。广大公社干部、社员群众对香港同胞的苦难感同身受，对党中央、广东省委的号召一呼百应，工程进度十分迅猛。但在当时，施工技术力量凸显不足。面对工期紧、任务重、技术人才缺少等问题，为确保工程如期完工，广东省政府一声令下，近百名广东工学院的水电学子充实到第一线。

对这一光荣任务，学院非常支持。经院务会议研究决定，将已是大学四年级的两个班共84名同学，连同带队老师近百人，按工程规模及要求，除分配几位同学协助工区、工段管理外，其余负责工程施工或质量检查。经过几天的动员和组织，1964年4月7日，近百名师生正式进驻工地。

挥洒汗水日夜奋战，经受人生的各种挑战

"广工"土木系65届学生进入大学那一年，正值我国"三年自然灾害"肆虐，在生活、学习十分艰苦的条件下，每个学年都安排六七周的生产劳动实习，已经参加过流溪河灌区、九江测量、筲箕窝水库水力冲填坝等工程施工，具有一定的工地实战经验。后来，鉴于课堂学习时间不足，将四年制改为五年。

1964年，正是这届学生"大四"最为关键的一年。然而，为解除港九同胞困苦，肩负重托，全体同学以"舍我其谁"的大无畏气概，挺进东深供水工程建设工地。

一万多建设大军奋战工地，近百师生紧急驰援，工程建设按计划实施。广东省政府与港英政府在 1964 年 4 月 22 日签订正式协议，保证于 1965 年 3 月 1 日前供水并力争提前。

"初生牛犊不畏虎。"在老一辈水利工作者的教诲和指导下，同学们各司其职、各尽其责，把大学学到的理论知识和实践经验发挥得淋漓尽致，获得指挥部、各工区工段领导的信任、好评和嘉奖。

4 月过去了，原是一片荒郊野岭的工地，盖满了工棚、砖屋，人声鼎沸、热火朝天……

6 月过去了，原是纸上的蓝图日渐变成实体，闸坝高耸、一座座厂房拔地而起……

7 月将尽，水工建筑物进展明显。根据施工部署，水工部分应在 9 月底完成，于是传出 9 月底回校复课的信息。

东深供水首期工程旗岭闸坝。（广东粤港供水有限公司供图）

8 月过去了，各工段均已初具规模且各具特色，同学们万分自豪、激情满怀，并热切期盼着重返课堂。

但是，指挥部为了确保工程顺利完工，希望同学们坚守工地，最好留到通水的那一天。

学院领导则处于两难境地，毕业年限不能再延，大四、大五课程都是最重要的专业课，还有毕业设计、毕业鉴定、毕业分配等都需要时间安排，如何落实呢？几经商议，最后决定将回院日期定为 10 月 15 日。

然而，9 月旱情更加严重，指挥部将通水日期提前。在此重要关头，学院以大局为重，回校日期再次延后至 11 月 15 日，待全线工程基本完成才撤离。

在工地日夜奋战，同学们不但迎接了人生的各种挑战，也经受了大自然的非凡考验。从 5 月 28 日的第 2 号台风起，连续受到 5 次台风的袭击，最高风力高达十二级。11 月 3 日，一个超级强台风的突袭，造成了令全体师生难以承受的不幸事件。

在沙岭工段，一位男同学在近 7 米高的闸墩工作桥上操作时，不慎坠地，重伤头部，最终没能抢救过来，为此献出年轻宝贵的生命。

这一不幸事件就发生在即将回校前不到两周的日子，几十年后追忆之余，仍忍不住流下痛惜之泪。

经历东深工程锤炼，铸就无惧挑战精神

1964 年 11 月 16 日，历经了 224 个日日夜夜，最终不辱使命完成了祖国和人民交给的艰巨任务，师生们依依不舍地告别了东深供水工程。

令我毕生难忘的是，早年留学德国的水利专家麦蕴瑜老院长下工地慰问同学们时，语重心长说了一席话："各位同学能参加东深工程的建设，是十分光荣的……几十年后，当你们的儿子、孙子问你们参加过什么工程时，你们就可以说，我在学生时代就搞过中央级的工程……这是你们历史上的一个里程碑！"

同学们都感受到，经历东深工程的锤炼，铸就了无惧挑战、勇挑重担、敢于负责的精神，为我们日后的人生岁月缔造了光辉的起点。

1965 年 8 月，"广工"土木系 65 届同学迎来了毕业分配的一天。这是广东水电学子第一次分配出省，绝大部分同学远赴云南、湖南、海南、广西。

经过几十年的不懈努力，同学们在各自不同的岗位上发挥才智、

创造业绩，大多数人成为单位的技术骨干、中坚力量。不少同学担任了县长、局长等领导职务，有的同学被任命为院长、总工，还有同学被评为全国优秀水利技术工作者。

可以说，经过东深供水工程建设的历练，同学们的成长之路走得更加顺当。历史机遇，时代召唤，艰苦磨炼，闪光征程……让我们铭记着东深供水工程！

经过三次扩建、一次全面改造，曾经传唱一时的民谣"月光光，照香港，山塘无水地无粮。阿姐担水去，阿妈上佛堂，唔知几时无水荒"已成为历史。

东深供水工程已经成为香港及工程沿线经济社会发展的生命线工程，对香港的繁荣稳定举足轻重。英国前首相撒切尔夫人在其回忆录中高度评价说："没有东深供水工程，就没有香港今天的繁荣！"

口述者为当年参与东深供水首期工程建设的广东工学院学生。

历史机遇，东深历炼，
时代召唤，艰苦磨练，闪
光征程，让我们铭记东
深供水工程——历史上
的一个里程碑。

2021年4月4日

东深工地的历练使我毕业后的
工作更顺利

◆口述者：钟国民

　　1963 年香港大旱，市民饮水非常困难，当时港英政府向广东省政府请求解决香港饮水难问题。广东省向中央政府上报解决香港饮水难问题的解决方案，周恩来总理亲自批示，建设东深供水工程来解决这个问题。

　　当时我正面临大学毕业，广东工学院领导接受上级安排的任务，动员我们土木系 65 届两个班 80 多位同学奔赴东深供水工程参与建设。就这样，我们以在校生身份进入工地，参与支援东深供水工程的建设。

　　我被分配到旗岭工段，学校领导任命我当组长。我到了工地一看，现场都是一片空地，只有一栋用油毛毡搭建的临时宿舍。虽然当时生活条件相当艰苦，但能够参加东深供水工程建设是一件无比荣耀的事情，心里只想着一心一意建设好东深供水工程，助力香港同胞早日喝上干净的水，所以大家干起活来，都劲头十足，认真负责。

　　一同分配到旗岭工地的同学们有的被安排搞砂石料，有的被安排搞碎石机安装，有的被安排轨道安装。与我们几乎前后脚时间进入工地的还有大批从广州招募而来的民工。印象中，旗岭工段的段长姓杜，为解决大家的住宿问题，他分配我和广州搭棚队一起搭工棚。当时石马河右岸有许多旧房，房子没人住，我们和几个民工去进行清理打扫。宿舍整理完后，我还陪同杜段长给即将进场的广州民工做好安排，等到他们陆续进场，逐步到位，我们的建设工作便可有序开展。

在那个年代，人多力量大，有了人就有了一切。就这样，东深供水首期工程建设一天一个样，我所在的旗岭工地也从无到有一点点建立了起来。

我在工地的主要工作是组织民工有序施工。那时民工组织非常严格，民工有带班领导，工地需要多少人员都会及时向我报告，由我负责调配组织人员。广州民工也非常听从安排，晚上经常加班，也从无怨言。我们施工段的主要任务是负责运送石块，石马河上游的船把石块运到旗岭，再由民工两人抬到200米外的加工厂加工成碎石，用于工程建设。民工抬石块一边走一边发出阵阵愉快响亮的声音："嘿哟、嘿哟……"那种声音现在回想起来仍使人感到很快乐。

最令我难忘的是，6月的一天，台风快要来了，离旗岭工地3公里左右的地方存放了5吨水泥，临时搭建的棚子根本不能防台风、防雨水。可台风偏偏提前到来，杜段长紧急找到我安排抗风的工作，我不假思索地接受了任务。这时候暴风雨即将来临，时间很紧迫，天已经黑下来，伸手不见五指。我们走在路上，雨水像子弹一样打在身上，台风刮来，行走困难，人往前走两步就会退一步。到棚子的位置时，我的衣服全部都湿透了，大家也顾不上这些，任凭风吹雨打，结结实实地把油毛毯盖好，压上石块，护好水泥，再一遍遍加固好棚子后才放心离开。

从风雨中抢救完水泥回到宿舍时，大家心里凉了一截，眼前的工棚全部变成"光头"，屋顶被台风掀翻了，所有人的衣服、被子全部被雨水淋湿，真是"床头屋漏无干处"，大家赶紧用火烤干衣服。在指挥部同志的协调下，大家一起努力，又重新把宿舍油毛毡盖好。好在这次台风并没有影响我们的工程进度。

只要有人在，我们就有了一切。战胜自然灾害靠我们一双手，是人与大自然的搏斗。当然,我们与大自然搏斗,要有勇气,要有智慧,发扬一不怕苦二不怕死的精神,勇敢对待,人活着就是要做应该做的事情。我们的信念很坚定,祖国和人民培养了我们,努力去作贡献也是应该的。在工地上工作,同学们不怕苦、不怕累,夜以继日,现在回想起来仍然很想念当时的工作和生活。

那一次抢救水泥事件后,我们的任务才刚刚开始,围堰、清基等施工工作逐步开展。围堰施工主要是人海战术,从两公里外的地方挑土,有大量的民工奋战在工地。我们就是靠土办法来战胜困难,大约 15 天,完成了围堰施工。接着,我们进行闸坝基坑清理,工作一个接一个进行,很顺利。而且施工也很安全,现场人山人海,靠群众的力量与智慧建设供水工程,为香港同胞解决饮水问题,很开心。

在施工过程中,我们也很注意安全。有一次石马河上游发生大洪水,旗岭工地河岸两边站满了民工看水,有说有笑。突然有一个民工喊,谁能游过对岸我出 50 元,我听到后立即制止了这种行为。因为注意安全,所以旗岭工地施工期间从来没有发生过安全事故。民工的工资每日只有 1 元 4 角 9 分,但他们也非常乐意接受。他们经常说自己是"猛死狗",都有着非常乐观的心态。

正因为如此,才能在当时的生产生活条件下,以短短一年左右时间完成建设东深供水工程这个艰巨的任务。人民群众是最主要的力量,国家有力的统筹调配安排,调动一切社会资源,形成合力,最终顺利实现目标。

旗岭工地的工程经过 10 个月的施工后已接近完工,按照安排我们应该返校,因为我们即将毕业,为了东深供水工程,我们延期返校。当时我才 24 岁,能够把青春献给东深供水工程,是一种很好的历练,也为我后来的工作打下了坚实的基础。东深供水工程让我学到了很多从书本上学不到的知识,特别是现场施工组织,使我毕业后工作更加顺利。

　　我 1965 年毕业后分配到湖南湘西凤凰县工作，参加过工作队，与农民同吃同住同劳动。1970 年，我参加枝柳铁路建设，回来后就搞饮水工程，我把在东深供水工程建设学到的知识运用到当地水库建设当中。我负责水库设计施工工作，该水库是作为解决凤凰全县饮水困难问题的水源工程，这是一件造福百姓的好事，老百姓都对我举起大拇指。此后我每次到凤凰县，都会看看我当年参与建设的水库，能够为老百姓解决饮水问题，我觉得很自豪。

　　有一年，湖南省人畜饮水工作现场会在凤凰县召开。我们的人畜饮水工程拍成了纪录片在中央电视台播出。我个人在湖南省水利水电厅获得三等奖，在湖南省爱国卫生运动委员会荣获先进工作者，共获得十多个奖项，感谢党和政府给了我这么多的荣誉。

　　我这一辈子都在水利行业工作，也很荣幸能为国家和香港同胞在东深供水工程建设中贡献自己的一份力量。用一句话评价东深供水工程：这是一座血浓于水的工程，它架起了连接祖国与香港同胞的桥梁，饱含祖国对香港同胞的关怀，以及对香港繁荣稳定的支持。

　　口述者为当年参与东深供水首期工程建设的广东工学院学生。

人定胜天，团结战斗，

为香港同胞饮上

安全水，贡献自己力量。

钟国民

2021.3.8

当时一年完成投资 3800 万的水利工程，只有东深

◆口述者：郑汉彬

　　我于 1957 年从武汉水利电力学院水电系毕业，在参与东深供水工程建设之前，已经参与过几个水利工程的建设，有一定的工作经验。

　　1964 年东深供水首期工程建设时，我就有幸参与其

1964 年东深供水首期工程建设，施工设备落后，基本是靠人肩挑背扛。（广东粤港供水有限公司供图）

中，在水工室做技术员。那时香港遭遇特大干旱，用水很困难。为尽早向香港供水，东深供水工程建设工期只有一年，时间很紧。我是做设计的，接到任务后，大年初一就下到工地，从桥头、旗岭、马滩、塘厦、竹塘、沙岭一路察看。

　　当时的石马河很小，察看的时候上游都找不到河流。按照工作安排，我主要跟进两个地方的设计：一个是马滩，一个是塘厦。马滩工程比较大，花费的时间也更多，所以我就住在马滩，平时骑单车到塘厦，两头兼顾。

　　刚开始施工的时候，施工人员主要是当地人，人比较少，又大多数是女的，很难开展工作，进度跟不上。后来从广州调来一大批知青参与施工，才缓解了施工人手不足的问题。当时的机械设备落后，

东深供水三期扩建工程泵站施工现场。（广东粤港供水有限公司供图）

挖土机也没有，知青们用大箩筐挑土，很能干，很拼命。我个人认为，东深供水工程能够一年建成，他们起了很大的作用。

工地条件很艰苦，大家都住工棚，但在工地吃饭有猪肉供应，那时物资紧张，有猪肉吃很高兴了。

记忆中，1964年施工期间台风特别多，施工工地多次遭受强台风袭击，其中有两次台风特别强，在珠江口登陆，除了马滩工地外，其他工地的工棚都被台风掀翻或吹倒了，工棚没办法住。工程建设指挥部只好一边组织施工人员加紧修复工棚，一边寻找工程沿线居民空置的房子暂时安置施工人员。但一时安排不了那么多人，于是省政府派出火车专列到东莞塘厦站，将3000多名在工地参加建设的知青暂时接回广州，等工棚修缮完毕后再接回来。

由于工期紧、技术人员力量也不足，为保证按时按质完成设计任务，从新丰江水电站建设工地抽调了一批人，去马滩的有6人，去塘厦的有4人。此外，还有65届广东工学院土木系两个班84名即将毕业的学生去东深供水工程工地参与施工建设，加强了工地的

东深供水三期扩建工程人工渠道。（广东粤港供水有限公司供图）

技术力量。

受前面所述两次台风的影响，耽误了一些工期，使得原本就紧张的工期变得更加紧张。在大家的共同努力下，工程还是如期完成。1965年3月1日正式对港供水。当时在全国来说，东深供水工程是全国最大的供水工程，一年完成投资3800万元的水利工程，只有东深供水工程。

记得工程完工后，在东莞塘厦镇还举行了落成典礼，有很多人前来参加，香港很多明星也都来了，盛况空前。

东江水送到香港，是按量收水费。当时量水器有两个，深圳这边一个，香港那边一个，取水量按两边数的平均数算，后来觉得太麻烦了，索性把两个合在一起，在中间做了一个量水器。

除了参与东深供水首期工程建设，三次扩建工程我都参与了。其中，二期扩建工程我从头到尾都有参与，开始做设计，后来做了施工。记得有一次要在深圳水库打个洞加大过水量，土坝已经做好了，不能用爆破的方式打洞，但技术上我们不会打，后来我到上海去请专业队伍，用顶管技术完成了这项工作。

我于1998年退休，虽然在东深供水工程建设工地的岁月已经过去几十年，但能参加这项工程建设，我至今感觉很自豪。

东深供水一期扩建工程竹塘泵站控制室。（广东粤港供水有限公司供图）

口述者为当年参与东深供水首期及第一、二、三期扩建工程建设的建设者。

祝全国人民
幸福和健康

2021. 3. 31

邓汉彬

四、三次扩建

东江水的到来，为香港注入强劲动力，有力促进了经济社会的飞速发展。香港一跃成为亚洲"四小龙"，成为国际商业、金融和航运中心，被誉为世界"购物天堂"。

随着香港经济社会的快速发展，人口不断增加，东深供水工程当初的设计供水量已难于满足需要。为满足香港、深圳和东莞等地用水需求，东深供水工程曾先后进行了三次扩建。

第一期扩建：1974年3月至1978年9月，工程投资1483万元，年供水量达2.88亿立方米，其中对港年供水量增至1.68亿立方米。

第二期扩建：1981年10月至1987年10月，工程共投入2.7亿元，年供水量达8.63亿立方米，其中对港年供水量增至6.2亿立方米。

第三期扩建：1990年9月动工，1994年1月通水。工程总投资16.5亿元，年供水量达17.43亿立方米。

通过三次扩建，东深供水工程年供水能力有效满足香港用水需求，有力促进了香港经济社会发展。

对港供水连起粤港血脉亲情

◆口述者：孙道华

早些年，在香港人的眼里，跨过罗湖桥去趟深圳都算是北上。所以，位于粤赣腹地、作为珠江水系三大干流之一的东江，被香港人称作为"北水"。

东深供水工程究竟是如何实现"北水南调"的？在当时的经济社会条件下，人们确实很难想象其中的场景和细节。但是，通过数万名建设者的艰苦奋斗，东江水流到了香港，滋润着同胞。

而它的建设过程并非一蹴而就，也是伴随着经济社会的发展，经历过几次扩建、改造等一系列过程，才有了50多年的屹立不倒，成为深港发展不可或缺的坚实支撑。

多次扩建增加供水，为长远发展预留空间

东深供水首期工程于1964年初开工，一年之后开始对港供水。20世纪70年代，东深供水工程建成仅几年时间，香港就提出了增加供水的要求。因为前期供给香港的水量规模比较小，只有6820万立方米，而随着香港经济社会的发展，人口激增，需水量也越来越大，原先的水量已不能满足需求。东深供水一期、二期、三期扩建工程，就是应港英政府要求增加供水量而兴建的，也是为了适应香港、东莞和深圳经济特区发展的需要。

1987年，东深供水二期扩建工程竣工后，对香港的供水量提高

到了 6.2 亿立方米，约占香港用水总量的 50% 左右。1989 年 12 月，东深供水三期扩建工程正式立项。

三期扩建工程是一项梯级串联提水工程，取水口位于东莞市桥头镇东江河畔，主要依靠科技对工程进行改造和扩建，使供水规模不断扩大，水质逐步改善。

1989 年底，广东省政府成立东深供水三期扩建工程指挥部，总指挥是原副省长凌伯堂。当时，我是三期扩建工程指挥部办公室主任，负责前期筹建、组织安排施工队伍进场等各方面的工作。自 1990 年 2 月工程筹备阶段，我就到了现场，驻扎在深圳，一直待到 1994 年 3 月，整整有 4 年的时间。

三期扩建工程完工后，东深供水工程年供水能力达 17.43 亿立方米，比原来增加供水量 8.8 亿立方米，其中向香港年增供水 4.8 亿立方米。此时，对香港年供水能力可达到 11 亿立方米。

三期扩建工程主要通过扩建东江、司马、马滩、竹塘、沙岭等 5 座抽水站及新建塘厦抽水站，将东江水沿新建或扩建的人工渠道，通过新扩建的泵站逐级提水，再经新建的雁田隧洞流入沙湾河，再到深圳水库，全长 80 多公里。

与首期工程不同，三期扩建以机械化施工为主

三期扩建工程时间要求比较紧，为赶工期，我们组织了广东省水利水电第二工程局、水利水电第三工程局（以下简称"水电三局"）、机电安装公司、广东省水利电力勘测设计院等多个原厅属单位参与施工。一期、二期扩建工程规模相对比较小，都是水电三局施工建设的。三期扩建工程规模扩大，所以需要组织这些原厅属单位都到现场参加施工。

东深供水三期扩建工程后的马滩抽水站全景。（广东粤港供水有限公司供图）

记得三期扩建工程共有 20 个单项工程，点多线长，工程量大，施工期间既要保证正常供水，又要保证工程进度和质量，涉及的工作也很繁杂。同时，还需要征集部分土地，各方面的难度都不小，所需人员众多，分批次、有序进入现场工作是最高效的一种方式。

据统计，工程建设前后陆陆续续组织召集了几千人。大家根据工程进展需要，分批入场。水电三局办公地点在塘厦镇，离得比较近，算是最早一波进驻现场的施工作业队伍。

与首期工程不同，三期工程的施工过程以机械化为主、人工为辅，全线正常施工人员在 5500 人左右。

搞工程的都知道，征地补偿是一项重点、难点工作，需要频繁地与当地政府、群众进行沟通。对于这项工程，虽然当地群众都表示理解、支持，但事涉切身利益，有很多利害关系，有些经济上的政策，他们是不太容易接受的。我们经常在中午吃饭的时候，会遇到当地群众来咨询、了解相关补偿工作。

如果征地工作不能按期完成，施工就没法正常进行。经过相当长的一段时间，我们耐心地和群众沟通，渐渐也得到了他们的理解。

征地完成后，施工单位的责任归属都划定清楚了，扩建工程正式步入施工进程之中。

一个省为一条河一个工程颁布多部法规实属罕见

三期扩建工程由广东省水利电力厅进行工程总承包，财务上接受广东省财政厅监督管理。

在具体施工的过程中，工程技术上也遇到了一些问题，主要是雁田隧洞的开挖工作。隧洞比较大，地质条件不是特别好，经常会遇到塌方，整个洞塌下来，处理这些事情有些棘手。但通过一段时间的摸索，我们渐渐找到了行之有效的解决方法。

一开始，我们都是靠手风钻来辅助凿洞挖隧道，后来进口了300台车，打洞起来就方便很多了。为了保障工程建设安全，施工人员渐渐摸索了一套方法，那就是先打锚杆，架起顶柱，然后再逐步开挖，以此来降低事故风险。技术提高了，事故就减少了，安全得到了保障，工程也就更顺利了，最终实现了按期交付使用。

为进一步提升对港供水质量，1998年，广东又投入2.8亿元，在深圳水库入库口建成世界最大、日处理能力

东深供水三期扩建工程——雁田隧洞。（广东粤港供水有限公司供图）

123

400多万吨的生物硝化工程。从东江引来的水，全部经过生物硝化站过滤、净化后再进入深圳水库输往香港。水体过滤净化后，75%以上的氨氮和有机物被吸收，效果非常明显。

从1991年到2021年，广东省人大、省政府先后出台了《广东省东江水系水质保护条例》《东深供水工程饮用水源水质保护规定》等13个法规及文件，以确保东深供水水质。一个省为一条河、一个工程专门颁布如此多的法规，在全国实属罕见。

东深供水工程经过几次扩建和改造，给香港输送了足量优质的水资源，市民生活和经济发展用水无虞，大大增进了粤港人民之间的感情。作为工程建设者，工地岁月成为很多人心中一段弥足珍贵的回忆，也成为我自己职业生涯中最难忘的一段时光。如今虽老矣，静坐常思曾经，亦觉得立于潮头，我心澎湃依旧。

口述者为当年参与东深供水第三期扩建工程建设的建设者，广东省水利厅原副厅长。

同胞情深，同呼吸共命运，
共饮一江水。

孙道华
2021.2.25.

一代又一代水利人的传承接力使东深供水工程保持旺盛的生命力

◆口述者：李粤安

2021 年中国共产党迎来百年华诞，中共中央宣传部授予东深供水工程建设者群体"时代楷模"光荣称号。这对我们一代又一代广东水利人来说是一个鞭策。回想自己的职业生涯，能够参与东深供水工程建设，我感到非常幸运。

从东深供水二期扩建工程干起

我是 1982 年春季毕业于武汉水利电力学院，毕业后分配到广东省水利电力勘测设计院工作。刚到设计院时接触的工作就是东深供水二期扩建工程（以下简称"二期扩建工程"，以此类推），我参与了二期扩建工程部分设计工作，并在施工现场作为设计代表参加二期扩建工程建设。设计代表的工作，就是在施工现场向施工单位解释设计图纸，说明设计意图，办理设计变更，对部分施工图纸进行修改，完善工程设计。大学毕业后，我有机会参加这么一个重要的工程，对我的专业技术水平的提高，以及各方面工作的历练，都有一个很好的促进作用。

由于工作上的需要，1984 年 3 月，我被调到广东省水利电力厅基本建设处工作，主要工作是参与二期扩建工程建设管理。二期扩建工程于1981年10月动工，1987年10月正式交付使用。二期扩建工程建设的目的，一方面是扩大对香港的供水量，另一方面为深圳经济特区的建设和发展提供水资源保障。

东深供水二期扩建工程历时7年，是历次扩建、改造建设中施工时间最长的一次，其建设内容非常丰富。首先，是在东江边新建了东江抽水站，同时对沿线的7级抽水站进行扩建增容，新增装机26台（套）共2.16万千瓦。另对深圳水库进行了全面安全加固。在我印象中，二期扩建工程把深圳水库的大坝加高了1米，做了水库大坝混凝土防渗墙，在深圳水库坝内用顶管技术新建了一条直径3米的输水钢管，连接坝下约3公里长的钢筋混凝土供水渠道到深圳河的北岸。

二期扩建工程还配套建设了两座水电站，一座是深圳水库的坝后水电站，另一座是建在供水渠道上的丹竹头水电站，每座水电站各安装2台单机容量1600千瓦的水力发电机组。

东深供水二期扩建工程完成后，新增26台抽水机组，加上原来的40台抽水机组，整个工程抽水机组合计是66台（套），总的抽水装机容量达到3.29万千瓦。工程年供水量为8.63亿立方米，其中，对香港供水6.2亿立方米，对深圳供水0.93亿立方米，供沿线农业灌溉用水1.5亿立方米。

二期扩建工程建设不仅增大了供水规模，还配套建设了为工程安全运行和管理维护的工程项目。譬如，为保证抽水站安全可靠的生产用电，专门配置了较高等级、可靠度高的配套输电线路；为有利于开展高效的管理维护工作，专门修建了一条长54公里的东深供水工程专用混凝土路面公路，它是东深供水工程沿线的封闭管理专

深圳水库。东深供水工程经过扩建后，深圳水库的坝高加高 1 米。（邹锦华 摄）

用公路，连接东江抽水站和石马河的司马、旗岭、马滩、塘厦、竹塘、沙岭、上埔等 7 个梯级抽水站，以及雁田水库、深圳水库。

回想 20 世纪 80 年代，那时候的公路交通设施还比较落后。东深供水工程的基层管理单位多沿着石马河、白泥坑人工渠道布设，是一种位于丘陵地带、高差 40 多米、长距离奔波的线形管理模式。从工程科学管理的角度，需要一条专门的公路，来彻底解决机电设备、工程材料运输问题，以及工程管理维护和员工上下班交通等问题。我们通常说的时间效率，就是要应对突发的供水运行事故和防洪抢险应急，如果能够及时到达岗位，就能赢得时机。东深供水工程专用公路的建设，工程管理日常维护需要，应急事项处理也需要。我认为，在当时的背景条件下，从东深供水工程服务对象的重要性而言，完全有必要建设工程管理专用公路。有无专用公路，是完全不一样的，那是东深供水工程进入现代化管理初级阶段的一个鲜明标志。

太园泵站取水口。位于东莞桥头镇，是东深供水工程的第一级泵站取水口，东江水从这里开始流进东深供水工程，最后流进香港。（邹锦华 摄）

广东省水利电力厅高度重视二期扩建工程建设管理工作，时任厅长李德成兼任工程建设指挥部总指挥。在我的记忆中，当时全厅对这个工程是非常重视的，管理是非常到位的。时任水利电力厅基本建设处副处长的方洁仪不辞劳苦，经常深入施工现场、了解施工进度和工程质量情况，经常在施工现场召开设计、施工和工程管理三方协调会议，及时统一意见，有力地推进施工进度。时任水利电力厅总工程师汤德俊、副总工程师汪增辉经常到施工现场听取技术专题汇报，他们两位技术权威老前辈相互配合得非常好，有着很默契的工作方法，一起与建设者们研究解决设计、施工等方面的技术难题，及时准确地敲定工程建设过程中的重大技术方案。水利电力厅有关处室全力以赴，全过程主动协调，从严把控工程建设各阶段的验收质量，为工程顺利建成保驾护航。

设计单位——广东省水利电力勘测设计院全过程跟踪这个工程，设计代表组设在施工单位广东省水利水电第三工程局的工棚，工作和日常生活都在工棚里，在施工单位的饭堂买饭票搭伙吃饭。客观地说，当时搞现场设计，工作环境和生活条件都比较艰苦，但是，我们的设计队伍很有凝聚力，老中青团队精神发挥得好，大家同心同德，精心设计，工程建设过程中施工地质工作也做得比较充分，没有出现影响全局的重大工程设计变更问题，使工程能够顺利进行。

渗水是东江抽水站施工的最大难题

在东江岸边建造东江抽水站的历程是值得我们回忆和回味的事情。东江抽水站工程是东深供水二期扩建工程施工任务最重、施工难度最大的工程项目，由广东省水利水电第三工程局（以下简称"水电三局"）负责承建。在当年施工机械和运载设备极其有限的困难条件下，施工单位勇挑重担、攻坚克难，对工程技术、工程质量、施工安全认真把关。给我印象深刻的事情是解决东江抽水站基坑开挖前的施工排水问题。当时，根据水利电力厅基本建设处领导的安排，我到东江抽水站施工现场驻点，与设计单位、施工单位的专业技术干部一起研究如何解决东江抽水站基坑开挖前的施工排水问题。要在东江岸边新建东江抽水站，抽水站主体结构的地基面积很大，在我的印象中，有3万多平方米的大基坑靠近东江边，地下水位高，整个基础是强透水地基，为深厚的砂卵石基础。要进行抽水站主体结构基础钢筋混凝土施工，创造良好的环境，最关键的是要先解决

129

好施工排水的问题，将基坑范围内的降水、积水、渗水和地下水等排出施工场地以外。但在东江岸边，渗水量大，怎样才能把施工排水降下来，确实是个施工技术难题。

用什么方式来排水？设计单位提出在砂卵石基坑周围设置滤水管深井井点排水方案，就是沿着这个 3 万多平方米的基坑外围布置若干个深井井点排水，把基坑的地下水位降低到设计开挖建基面以下。

设计单位提出的东江抽水站软基坑深井井点施工排水方案，是广东水利水电工程施工史的首例，必须及时进行施工现场抽排水试验，以获取深井井点排水时基坑地下水下降水位线等第一手资料。我在东江抽水站施工现场蹲点期间，与设计、施工单位的工程技术人员一起研究怎么把这个方案的现场抽排水试验做得更详细，使获取的水文地质数据更有说服力。通过现场抽水试验的多个方案比较，最后采取以基坑外围布置深井井点排水为主、局部区域加设轻型井点分层排水、靠近开挖基坑底部布置多台抽水机抽水明排相结合的方案，终于把东江抽水站基坑的地下水位降了下去，使整个工程的基础开挖和主体结构混凝土浇筑顺利完成。

三点心得体会

2021 年 4 月，中共中央宣传部授予东深供水工程建设者群体"时代楷模"称号，使一代又一代的广东水利人深受鼓舞。东深供水工程从 20 世纪 60 年代至今，经历了 56 年的岁月，正是一代代东深供水工程建设者和管理者的传承接力、精心建设、科学守护，使东深供水工程一直保持着旺盛的生命力。为此，我有三点心得体会：

一是东深供水工程是一宗大型的跨流域调水工程，广东省水利电力厅在省委、省政府的支持下，非常注重东深供水工程建设方案的比选。20 世纪 60 年代规划引东江水对香港供水的供水工程做了三个比选方案：第一方案是从东江抽水，沿着广州到香港的广九铁路线铺设管道，输水到香港九龙；第二方案是从东江抽水，开运河到东莞的太平，进入宝安县南头，然后再进入香港九龙；第三方案是在东莞桥头镇建抽水站引东江水，利用石马河建梯级拦河坝及抽水站，通过抽水站把东江水沿着石马河倒流注入上游的雁田水库，再流入深圳水库，最后用钢管输水送到香港。当时，广东省水利电力厅在全面查勘的基础上，对这三个方案都进行了认真的技术和经济比较，并向广东省委、省政府推荐第三方案。

1963 年 12 月 8 日，周恩来总理出国访问途中经过广州，听取了广东省委、省政府的汇报后，拍板决策选定了第三方案。

二是东深供水工程凝聚着我们国家许多老一辈领导人的关怀，体现了祖国对香港同胞的深切关爱。除周总理亲自拍板定下这个方案外，全国人大常委会委员长朱德在 1965 年 2 月 28 日，也就是东深供水工程刚建成之时，亲自到深圳水库，听取广东省委、省政府关于东深供水工程供水香港的情况汇报，对这个工程非常关注；相隔没几日，1965 年 3 月 2 日，国家副主席董必武等中央有关领导再次视察东深供水工程，他们都非常关心这个项目，心系香港同胞。

三是东深供水工程对香港供水从 1965 年开始，至今已持续 56 年，累计供水超 267 亿立方米（截至 2020 年底），成为保障香港供水安全的生命线，增进了香港的民生福祉，保障了香港的繁荣稳定。同时，东深供水工程对深圳经济特区的改革开放大发展也起到非常重要的作用。深圳从 20 世纪 80 年代国家确立为经济特区以来，经过 40 余年的发展，早已成为全国性经济中心城市和国际化城市。新时代新阶段下，东深供水工程将继续承担历史使命，在确保对香港年供水 11 亿立方米计划用水规模的前提下，继续为深圳市和东莞市的经济社会高质量发展提供水资源保障。

东江水源保护是东深供水工程旺盛生命力的源泉

认真做好东江水资源保护工作，是保持东深供水工程旺盛生命力的源泉。

东江水资源是东深供水工程供水给香港、深圳市的水源，同时也是供东江沿岸河源、惠州、东莞和广州东部等地区城乡居民饮用水的水源。东江流域的新丰江水库、枫树坝水库和白盆珠水库统称"东江三大水库"，这三大水库控制东江流域集雨面积 11740 平方公里，总库容合计 170.48 亿立方米，是东江水资源配置的重要骨干工程。东深供水工程的供水水质状况，取决于东江水资源的水质状况；而东江水资源的水质状况，很大程度取决于东江三大水库水资源的水质状况。所以，如何保障东江三大水库水资源的水质长期保持在 I 类、II 类水水质标准，一直是广东省政府和东江沿岸各级地方政府重点关注的问题。

2008 年 5 月，由我牵头东江流域管理局、广东省水利厅办公室、水资源处、人事处、建管处等组成调研组，赴东江三大水库对水库水资源保护现状、水质情况进行专题调研，整个调研活动历时近 3 个月。实地调研时，调研组在库区支流、库湾等地徒步察看暗访、收集资料、现场取样、与村民座谈、与地方政府讨论相关情况。通过调研，调研组认为，新丰江水库的水质总体保持在 I 类水水质标准，但三大水库库区内部分支流和边远库湾农村还存在着某些不利于水资源保护的行为和案例。

　　针对这一情况，时任广东省省长黄华华、副省长李容根高度重视，他们认真听取了调研组的专题汇报。黄华华省长指出，为了确保东江供水安全，确保省政府颁布的《广东省东江流域水资源分配方案》顺利实施，一定要把东江三大水库的水资源保护好。对于不利于水库库区水资源保护的人类活动行为要坚决制止，加以限制。2011年3月4日，黄华华省长签发了广东省人民政府令第157号《广东省东江流域新丰江枫树坝白盆珠水库库区水资源保护办法》，从法规层面解决了东江流域三大水库水资源保护问题。

　　东深供水工程建成56年来，始终保持着旺盛的生命力，成为保障香港安全供水的生命线。这离不开一代又一代水利建设者群体的艰苦努力和无私奉献，也离不开一代又一代工程运行管理者群体的精心守护和不断创新，更离不开东江沿岸老百姓长年累月守护着东江流域的绿水青山、维护着东江母亲河的健康。

　　口述者为当年参与东深供水第二期扩建工程建设的建设者，广东省水利厅原副厅长。

东江之水越山来

◆口述者：林德远

　　东深供水工程始建于 1964 年 2 月，次年 3 月建成投产。当时香港水荒严重，在周恩来总理的关怀下，我国政府拨出专款兴建了这一工程。之后，又经过一期、二期、三期扩建和四期改造工程，对港年供水量由原来的 0.682 亿立方米增加到最大供水规模 11 亿立方米。东深供水工程为香港提供了约 80% 的用水量，关系到香港人民的切身利益，被称为香港的"生命线"——没有东深供水工程就没有香港今天的繁荣稳定。

　　1976 年 6 月，我随广东省水利水电第三工程局（以下简称"水电三局"）施工队伍从乳源县泉水水库工地来到东莞塘厦，参加东深供水一期扩建工程（以下简称"一期扩建工程"，以此类推）建设。水电三局也在塘厦建设企业基地，并随着东深供水工程各期扩建逐步发展壮大。

　　一期扩建工程由水电三局承建，工程于 1978 年完工。除桥头抽水站外，其余各级抽水站均增设一台机组，并将扩挖局部河渠，对人工渠道进行衬砌。该工程的主要难点有两个：一是不停水施工；二是增加抽水机组时将原有混凝土板切除，不能采用爆破方式。当时没有切割设备，只能靠人工手提风钻机作业。老风钻工陈汝桥提出很多建议，并和同事们轮班作业，克服各种困难，将安装机位的混凝土、进出水口的钢筋混凝土分块切除。

东深供水一期扩建工程桥头泵站机组。（广东粤港供水有限公司供图）

这段时间我主要负责塘厦和马滩两座抽水泵站的施工技术工作，和工人们奋战在一起，按期完成施工任务。一期扩建工程后，年供水量大大增加，其中对港年供水量增至 1.68 亿立方米。

1980 年初，我从深圳蛇口工业区供水工程工地转移到深圳水库，筹备东深供水二期扩建工程建设。工程于 1981 年 10 月正式动工，1987 年 10 月全部完工。二期扩建工程由水电三局总承包，机电安装除塘厦抽水泵站外，全线各抽水泵站、深圳和丹竹头两座水电站的机电安装工程由广东省水电安装公司分包；深圳水库大坝进水口沉箱、坝体顶管、坝中防渗墙由上海基础公司分包。

工程任务主要有：新建 1 座东江抽水泵站，扩建沿线 7 座抽水泵站，装机容量共 2.16 万千瓦；新建深圳水库坝下直径为 3.0 米输水钢管及坝后至三叉河无压力钢筋混凝土箱涵 3.5 公里，过水能力为 16.8 立方米每秒；兴建深圳电站枢纽和丹竹头水电站；新建扩建河渠道；对深圳水库大坝全面加固，土坝中间增设混凝土防渗墙并加高 1 米；架设 35 千伏高压线路 37.5 公里；兴建石马河两岸防护

东深供水二期扩建工程马滩泵站。（广东粤港供水有限公司供图）

工程 8 宗、护岸工程 3 宗、排涝工程 5 宗、桥梁 77 座及东深供水专
用公路混凝土路面 54 公里。二期扩建完工后，年供水量为 8.63 亿
立方米，其中对港年供水量增至 6.2 亿立方米。

　　二期扩建工程重点是要确保于 1983 年 5 月 1 日实现对港扩大供
水。因此，从深圳水库进水口至三叉河交水点各项工程（除深圳电
站枢纽和土坝防渗墙外）必须于 1983 年 3 月前完工，4 月进行试通水，
以确保 5 月 1 日实现对港扩大供水的目标。1983 年底前，我主要负
责丹竹头水电站和深圳水库进水口至三叉河交水点的施工技术工作。
1984 年初以后主要负责东江抽水泵站、桥头渠道、丹竹头水电站、
深圳水电站枢纽的建设施工管理。为落实 1983 年 5 月 1 日对港扩大

供水的目标要求，当时在副局长、高级工程师郭祥枚的带领下，广大职工群策群力、精心组织、细致分工，并优化施工组织设计。如制造大型钢模板用吊机加机械安装工联合作业，大大缩短了模板安装周期；预制钢筋混凝土箱涵拱顶，集中拌制混凝土用吊罐运至施工现场，既保证了施工质量又加快了工程进度。同时，在钢模板安装、钢筋制安、混凝土拌制运输、浇筑各环节采用联产计件工资制，工人劳动积极性大大提高，各工种配合默契，又增加了职工收入。整个施工过程中，涌现了胡伯水等先进人物，广大职工充分发挥自己

矗立在深圳水库大坝的东深供水工程纪念碑，记录了对港供水历史。（邹锦华 摄）

的才能，为实现 1983 年 5 月 1 日对港扩大供水目标贡献自己的力量。

东深供水三期扩建工程是在二期扩建工程的基础上进行的。主要工程项目有新建东江、司马、马滩、塘厦、竹塘、沙岭 6 座抽水泵站，共装机 33 台套，计 4.84 万千瓦。新扩建河道 46.08 公里、人工渠道 15.4 公里、雁田隧洞 6 公里。新建深圳电站枢纽 1 座，新建深圳水库坝后至三叉河交水点大型压力箱涵 3.5 公里。东深供水三期扩建工程完工后，年供水量为 17.43 亿立方米。工程于 1990 年 9 月动工，1994 年 1 月完工。

水电三局承建的项目主要有马滩、塘厦两座抽水泵站、深圳水电站枢纽、旗岭至马滩再到塘厦两段天然河道整治。我主要负责深圳水电站枢纽工程的施工组织管理工作。在三期扩建工程中涌现了刘亚福等先进人物，为工程建设作出了贡献。

改革开放以来，东深供水工程沿岸经济发展迅猛，致使供水系统所输送的东江原水受到了影响，水质变差，于是推动了东深供水改造工程（以下简称"东改工程"）的建设。

东改工程是一项对原东深供水工程进行彻底改造的工程。改造后，工程全线长度为 68 公里，设计年供水量为 24.23 亿立方米，其中对港年供水最大规模 11.0 亿立方米，深圳供水 8.73 亿立方米，沿线 8 个城镇供水 4.0 亿立方米。工程于 2000 年 8 月 28 日开工，2003 年 6 月 28 日完工。主要建筑物有东江太园泵站（1998 年建成，作为东深供水工程组成部分继续使用，位于东江边）、莲湖、旗岭、金湖 4 座抽水泵站，渡槽共 3.9 公里，5 条钢筋混凝土倒虹吸共 2.67 公里，以及 3.4 公里的现浇钢筋混凝土箱涵，9.13 公里的人工渠道及分水工程（沿线分水口 36 个）。设计流量为 100 立方米每秒，供水保证率为 99%。

当时，我已担任水电三局局长多年。水电三局中标太园泵站反虹涵工程和 A–III$_2$、C–IV 现浇钢筋混凝土地下箱涵工程。在东改工程建设中，涌现了陈立明、刘元飞等先进人物，为东改工程建设成为廉洁工程、民心工程、精品工程作出了贡献。

在我 36 年的水利工程建设及管理生涯中，单是东深供水工程就有 19 年 7 个月，期间还担任过东深供水工程管理局副局长，分管工程沿线各镇供水工程管理和水工建筑物管理，既是亲历者更是受益者，是东深供水工程建设把我从一个普通工程技术员，逐步锻炼成为水工建筑高级工程师，并一步步走上领导岗位，成为广东省水利建设主力军之一，即广东省水电三局的领导者。

回忆这段往事，我用一句话概括："东江之水越山来，粤港人民笑颜开。"

口述者为当年参与东深供水第一、二、三期扩建及改造工程建设的建设者。

东江之水越山来，
粤港人民笑颜开。

林德之
2021.4.2日.

一家人一辈子干水利

◆口述者：林圣华

我是负责工程技术的，参加了东深供水二期扩建工程（以下简称"二期扩建工程"，以此类推）和三期扩建工程，东深供水首期工程我没有参加。

从二期扩建工程开始，工程规模明显扩大，每个泵站全部换新机组，同时建了单独的变电站。所以，相对而言，二期工程的技术含量比较大，三期工程的技术含量就更大。三期工程的施工，广东省水利电力厅下属的所有施工单位基本上都参与建设。

搭房子住草棚，二期工程8个泵站都干了，一个接一个

1981年，东深供水二期扩建工程开工，从那时起，我就开始经常到东深二期工地投入到东深供水工程建设。那时我在广东省水利电力厅下属的水电安装公司工作，担任技术科长。这个公司是专门负责水电站、水泵站机电安装的。

在二期扩建工程，我主要负责安装公司承建的机电设备的安装，8个水泵站建设我都参与了。

二期扩建工程扩建时，工作条件非常差，我们住的是草棚，条件相当艰苦。为了省钱，草棚基本上是自己搭的。一到工地，首先自已动手搭房子，大家相互帮忙，用毛竹支撑起房子的框架再砌墙，墙是用稻草、泥巴抹上去的，屋顶用稻草铺的。

搭好房子后，由领导统一安排住宿，有的房间大一点，有的小一点，一间房最少住 4 个人，多的住 12 个人。我们的洗澡房也都是茅草棚。虽然是草棚，但还挺结实的，用一年时间是没有问题的，没有塌过。

东深供水第二期扩建工程——深圳水库穿坝顶管工程施工。（广东粤港供水有限公司供图）

水电安装公司在二期扩建工地，有技术干部，但大部分是技术工人，基本没有民工。每个水泵站都有我们的一支队伍负责安装。

当时安装工程是承包的，作为技术科长，我对全线的技术都要负责。8 个水泵站分布在工程沿线各地，每一个泵站都要安装，一个泵站安装完成并试运行后，再安装下一个泵站，一年四季都在工地。

刚到三期工程工地就看图纸查订货，解决设备和供电问题

1986 年，我从水电安装公司调到东深供水局（当年同为广东省水利电力厅下属单位，负责东深供水工程管理运行）的一个管理处任主任。1991 年，组织上把我调到三期扩建工程指挥部。因为当时指挥部没有负责机电的技术人员，而我是做机电技术的，所以把我调到指挥部当工程处副处长，负责机电技术管理工作。

二期扩建工程与三期扩建工程是两条线，三期扩建工程的泵站全部是新建的。三期扩建工程建成以前，二期扩建工程正常运行供水，建好一个三期扩建工程的泵站就替换一个二期扩建工程的泵站。

东深供水第二期扩建工程丹竹头水电站。（图源：《东江—深圳供水工程志》）

1991 年，我调到三期扩建工程指挥部后，除了完成日常工作外，重点解决了影响工期的两件大事：

第一件是解决水泵底环提前交货安装的问题。

1990 年，三期扩建工程指挥部成立，工程主要机电设备在指挥部成立后不久就已订货。该款水泵的基础环——底环，是应该埋入一期混凝土的，而我在查阅水泵订货合同中发现，合同中没有提出 33 台水泵的底环比整机提前交货的条款。底环不能提前到货，就不能预先埋入地下基坑而将导致 6 个泵站的厂房基础无法施工，只能停工等待。可以说，这些底环是控制整个泵站工期的关键部件。于是我及时向工程指挥部主持工作的孙道华副厅长提出：底环必须比水泵整机提前半年到工地。

孙副厅长一听就着急了，那怎么办呢？他就把这个任务交给我，要我把上海水泵厂和无锡水泵厂的负责人都请来，由我出面跟厂家谈，请厂家把合同中没有要求提前交货的底环提前制造，并比水泵整机提前半年交货。

我按孙副厅长的要求，把两个水泵厂的负责人请到广州。谈判刚开始时，他们不接受我们提出的要求，说这么大的工作量，以前没有提出要求的事情，现在要我们提前半年交货，根本不可能，还说厂里有很多任务都已排满。三期扩建工程一共有33台水泵，工作量相当大。考虑到东深供水工程的特殊性和口碑，经过多次协商，厂家最后终于同意了，但要求增加部分资金，工厂加班加点突击生产这个部件。

后来，我们多给了一部分资金，厂家专门把33台水泵的底环提前半年生产出来，解决了影响工期的最关键问题。

第二件是协调提前供电的问题。

当水泵基本安装好时，发现供电又成问题。由于供电的变电站还未准备好，刚安装好的水泵没有电也无法调试和运行。根据设计，泵站的电源是从东莞和深圳两条域外线路同时供电，可互为备用，提高供电可靠性。

由于供电问题还未解决，我就跑到东莞市供电局和深圳市供电局协调。两个供电局都说，没有想到你们进度那么快，我们还没有准备好，变电站还未建好。我对他们说，现在的情况不是有没有准备好的问题，而是要具备向我们供电的条件。

仅供电问题差不多谈了两个月，特别是与深圳市供电局谈，谈得特别艰难，他们说他们也有难处。最后解决的办法是增加资金，提前供电。于是供电局报来预算，孙副厅长要求我负责审核预算并签订合同。依据合同按时送电，供电问题就这样解决了。

三期扩建工程提前一年完工

协调解决了两个影响工期的大问题，为提前一年完成工程建设创造了条件。

此时，下一步影响工期最关键的又是什么呢？6个泵站、1个电站和1条供水渠道，特别是电站施工进度。孙副厅长跟我商量，能不能想办法把电站的施工工期缩短。于是我排了一下工期，觉得28天可以把这个电站搞完。按28天算，正好提前1年完成。孙副厅长说，把你的计划拿去跟施工单位商量，去说服施工单位，看他们能不能接受。

于是我把计划拿去与施工单位沟通，施工单位的领导和技术干部没有一个反对的。他们说我在安装公司是负责进度的，排的计划比较符合实际，肯定可以做得到。后来经过商议，给他们一部分加班费，通过加班加点加快施工进度，缩短工期。最后，电站试运行结束向电网送电时，正好提前一年工期。

激励机制还是很管用的。当时排工期的时候，水电站施工工期需要28天，后来26天就完成了。因为有了加班费的激励，大家工作的劲头很大，所以比预定工期还提前了2天。

至此，东深三期扩建工程已经提前一年工期完成。

一辈子干机电，一家子干水利，三期工程之后还干了两件事

我是1935年出生，正常情况下1995年退休，也就是1994年三期扩建工程完工后不久就可以退休。而实际上，三期扩建工程干完

以后，我又干了两件事：一是做水处理。到了一家水环境水处理技术开发有限公司任总工程师，主要从事生产生活废水的研究和处理，最大程度减少生产生活废水对水环境的影响。二是参与东深供水工程"四遥"信息化建设工作，也就是遥控、遥测、遥汛、遥调。当时省水利厅有关领导带队到美国考察"四遥"技术，通过考察调研希望能学习和借鉴有关技术。但由于种种原因，当时东深供水工程才实现"二遥"。做了这些事情后，直到1997年我才退休。

我们一家人都在干水利工作。老伴原来是在水电安装公司工作，我调到东深供水局的时候她已快到退休年龄，为了跟我一起在深圳生活，她提前几个月退休；女儿曾经也在东深供水工程待过，现已经退休了；儿子基本上接了我的班，在粤海水务下面的一个机构，还是做机电设备方面的工作。一家人、一辈子、干水利。

口述者为当年参与东深供水第二、三期扩建工程建设的建设者。

东江供港之水
凝聚同胞之情
林圣华
2021.3.31

奋斗的战场，成长的舞台，
发展的机遇

◆口述者：陈立明

广东省水利水电第三工程局（以下简称"水电三局"）与东深供水工程的关系不可谓不密切。三局当年承担了东深供水第一期扩建工程（以下简称"一期扩建工程"，以此类推）和二期扩建工程的所有土建项目，承担了三期扩建工程和供水改造工程的部分

东深供水二期扩建工程马滩泵站枢纽。（图源：《东江—深圳供水工程志》）

项目。现在水电三局办公总部所在地与东深供水工程也有不解之缘。这是因为一开始承接这个项目的时候，为了便于施工管理，就选在东深供水工程取水口与交水点的中间——东莞塘厦镇，设立一个临时总部。后来经广东省政府批准，在塘厦镇设立水电三局永久总部。从此水电三局也就落户在东深供水工程沿线中间，改变了水电三局总部随项目变化而流动的状况。

就我个人而言，我与东深供水工程有四段交情。第一段是1983年到1987年，我在二期扩建工程的司马抽水站和东江口抽水站参与施工，那是大学毕业后的第一份工作，分配到现场施工队做技术

员，先到司马抽水站，第二年就到了东江口抽水站。第二段是1991
年到1994年，那时是三期扩建工程。我作为分公司的副经理和技术
主管负责深圳电站枢纽建设，属于从深圳水库往香港输水的一段工
程。第三段是1997年到1998年，我作为项目经理主持了东深供水
改造工程（以下简称"东改工程"）的一个序幕工程——太园泵站
反虹涵工程项目施工，并在期间被提拔为水电三局副局长。第四段
是2000年到2003年，我以水电三局副局长的身份担任东改工程C-Ⅳ
标段的项目经理，主持这个项目的施工。

可以说，水电三局与东深供水工程，无论是对企业还是个人，
都有着密切的联系。一代又一代的水电三局人在这个工程上留下了
奋斗的足迹，流下了辛勤的汗水。东深供水工程是水电三局人奋斗
的大战场、成长的大舞台、发展的大机遇。

从小种下的种子在机缘巧合下发了芽

与水电三局大多数职工相比，我与东深供水工程的缘分或许要
更早一些。我是东莞本地人，早在我读小学四年级的时候，学校组
织学生参观东莞一些比较大型的项目，那时我就曾有幸参观过东深
供水工程。虽然印象很深，觉得这是个大工程，但并没有与自己的
未来联系起来。谁曾想到大学毕业后就到这里参加工程建设，从此
与东深供水工程结缘。

1979年，我考上华南理工大学的水利工程专业。到1983年毕
业分配的时候，我选择了水电三局，也选择将水利施工作为我的终
身事业。

大学毕业后真正参与到这个项目的时候，对东深供水工程的了
解才慢慢加深，逐渐丰富了自己对这个工程的具体认识，明白了这

是为帮助香港同胞解决用水困难而兴建的跨流域大型调水工程，作为一个东莞人、一个水利施工人员，感到很自豪。

艰苦的条件也曾萌生退意，但坚持下来更有收获

东深供水首期工程建设时，还是一个比较原始的施工状态，土方工程主要靠人挑肩扛。哪怕是到二期扩建工程时，施工环境还是比较艰苦的。记得当时我们从公司总部到施工工地，是坐在自卸车的车斗里去的，到工地以后就住在工棚里。工棚是在竹架上铺上稻草搭建的，稻草房的稳定性没有太大的问题，但稻草房容易漏水，墙也很容易破损，我们一年四季都住在稻草棚里。在东江抽水站施工工地，江风很大，冬天北风穿堂而过，住在这里冷得很，多盖几床被子都不管用。特别是夜里去上厕所就更加"恐怖"了。厕所离住的地方还有一段距离，搭建在鱼塘边上。所谓的厕所，其实就是用几根竹竿和几块木板钉一钉。说实话，这样的生活条件确实比我想象的还要艰苦。

刚毕业就到了这样艰苦的环境，当时心里多少有点后悔。为什么当时有那么多选择，偏偏来了这样一个地方？也想过能不能通过其他途径离开工地，或者继续深造考研究生。

后来，受工地上老一辈职工的影响，他们不怕苦不怕累，辛勤工作，给我做出了榜样，时间长了，大家也就慢慢适应了，没有让情绪影响到工作。再加上在工地上久了大家有了感情，思想也有了转变，开始追求进步。周围的同事，特别是一些老领导，也给了我很大鼓励。1987年，我正式加入了中国共产党。

通过参加东深供水工程的建设，我从懵懂入行到逐渐熟练，甚至是精通，后来也慢慢地取得了一些成绩，得到了一些肯定，在人

生经验、专业能力和工作岗位各方面都得到了回报，逐渐有了成就感，自然而然地就选择这个行业作为终身事业了。

而从结果来看，当时来水电三局的大学生，很多因为熬不住离开了。这些人的现状与跟同期留下来的我们做对比会发现，离开的人，到如今不一定个个都有成就；相对而言，还是留下来的人成就更大一点。认认真真把本职工作做好，坚持下来的人获得的成就比离开的人要大，在这一点上我们同期来水电三局的人深有体会。

虚心学习，不断摸索，在老一辈引领下快速成长

到水电三局工作的新员工刚到工地时会有一个师傅带着，这是水电三局的传统。新员工可以跟着师傅去实习一段时间，学一些技术上的经验和知识，转正以后再独立完成工作。

我最早的师傅是施工队的李文枢工程师。我大学毕业刚到工地，施工队的技术主管就拿了50多张图纸给我，让我去负责东深供水工程司马抽水站的技术工作。刚接到任务的时候真的是一头雾水，好在李文枢工程师看我不知所措，就给我写了一个提纲，指导我到工地该如何开展工作。

得到他的指导以后，我拿着图纸战战兢兢地到了工地，再向一些老师傅、老前辈去讨教，结合师傅的指导，我开始摸索着如何开展主持泵站的技术工作，如何当一名技术负责人。在无形的压力下，我虚心向前辈学习，不断摸索，一点点地积累经验，慢慢就成长起来了。可以说，是李文枢工程师的指导让我走过了对施工技术的懵懂阶段。

我们当时参与的那个项目，加上我只有三个技术人员，其中还有一个担任行政负责人，我担任的是工程技术负责人的角色。在那

里工作了大概一年以后，单位对人员进行调整，负责其他项目的队伍来支持我们这边的项目建设，而我当时所在的第五工程队则去了东江抽水站，也就是东深供水二期扩建工程的第一级抽水站。

司马抽水站和东江抽水站的建设我几乎是全程参与。我于1984年进入东江抽水站项目，从做前期准备开始，到主体工程开工，直到最后工程验收、通水完成后才离开工地。

到1991年东深供水三期扩建工程建设时，我担任的是分公司副经理兼技术负责人的角色，又回到了深圳水库电站枢纽，负责输水到香港这一段的项目建设，包括进水口、隧洞和电站的建设。经过二期扩建，以及天堂山水利枢纽工程建设，有了多年的经验积累，我在专业技术上有了很大的提高。

印象很深的一件事是，1992年在建设过程中，隧道进水口前面的山体出现了大滑坡，那可是个大事件啊！

当时，由于地质构造问题造成了整个山体滑动，虽然只是晃动了一下，没有出现人员伤亡事故，但是为了处理好这次事件，我们后面付出了很大的代价。因为滑坡体很大，必须处理好才能进行进水口施工，工期非常紧。我们作为施工方，为了抢工期要加班加点，同时在滑坡体旁作业是很危险的，要特别注意滑坡体的威胁，保障施工安全。好在经过全体施工人员的努力，最后还是按期保质保量完成了建设任务。

艰辛付出换来一流工程，只为香港同胞喝好水

2000年，广东对东深供水工程进行全面改造，即东深供水改造工程（以下简称"东改工程"）。这一次是对原东深供水工程根本性的改造，建设专用输水系统，实现清污分流，保证供水水质，并

适当增加供水能力，以解决深圳市和东莞市沿线地区用水需求。

东改工程之前，水电三局还参与了太园泵站反虹涵项目施工，时间是 1997 年。这个反虹涵就是东深供水工程从第一级泵站——太园泵站将东江水抽上来后，从底部穿越一条河道（即新开河）的过水通道，是穿过河道底部的一个结构性工程。

因为河道下面的地层都是砂体，渗透性强，基坑开挖的难度非常大。在砂体里面施工，当时上级领导还是有担心和质疑的。水电三局作为施工方，丝毫不敢放松，为了解决这一难题，我们选择定向高喷防渗墙方案进行基坑围封，并专门购买了先进的高压定喷设备，派员工去相关技术单位学习取经，并请来专家现场指导，终于实现了基坑的顺利开挖。

施工期间我们还遭遇了洪水，过去从来没有在 1 月发洪水。而那次暴雨，降雨量达到了 100 毫米，洪水几乎把整个基坑淹没了。为防止洪水把围堰冲垮，造成更大的损失，我们主动扒开围堰，让基坑进水，洪水过后再恢复围堰进行排水，这种做法对工期和成本的影响非常大。虽然是突发状况，但是无论如何都要确保工程按时完成，为此我们全体项目员工加班加点赶工期，付出了巨大的努力，终于按时完成了任务。当时我因为连续紧张工作造成发高烧休克了，到医院打了几瓶吊针，稍微退烧后又马上回工地处理基坑淹没问题，其中的艰辛只有亲身参与过才能体会。

这次的施工经验，为后来的东改工程建设提供了很好的帮助。水电三局承担了东改工程 A-III$_2$ 标和 C-IV 标段的项目施工，我担任 C-IV 标段项目经理，负责 4 公里多的复杂地质条件下长线路输水箱涵的施工。从 2000 年到 2003 年，三年多的时间都在这个项目上。

在输水箱涵建设过程中，我当时印象最深的有两件事。一件是

东深供水工程金湖泵站。（邹锦华 摄）

东改工程的质量要求非常高，总体要求是按照鲁班奖的标准来建设，所以对结构工程混凝土的表面质量要求非常高。用领导的话说就是外观要像 18 岁姑娘的脸蛋那么光滑，非常形象。那我们如何达到这个要求呢？指挥部决定先建设标准段，并把箱涵标准段建设的任务交给了我们 C-IV 段。当时为了达到标准，我们四处"取经"，在方案上反复论证，从用哪种模板到模板里面的缝如何处理，从如何保证光滑度到混凝土的配合比等各个方面，都做了非常深入的研究。经过项目部全体技术人员集思广益，最终制订了详细的施工方案，圆满完成这段输水箱涵的建设，并通过了工程总指挥部验收。同时，总指挥部明确以后箱涵建设就按我们这段箱涵的标准施工，并把这个标准定为最低标准，也就是说东改工程其他标段的箱涵都必须达到这个标准，甚至要做得更好才符合要求。我们所在 C-IV 标是所有标段中第一个达到这个标准的，算是样板工程，这对我们来说是一件值得自豪的事情。

东改工程最后获得了鲁班奖，其中一个很大的亮点，也是因为我们的外观质量做得非常好。经过近 20 年的运行，据我所知没有发现一起质量问题。由于整个工程做得很光滑，水流的顺畅程度提高了很多，供水能力还在设计的基础上提高不少。

另一件印象比较深的事就是 C-IV 标的沙岭反虹涵施工。东深供水工程每年都要停水一个月进行检修，我们需要用这一个月的时间进行反虹涵施工，工期非常紧张。而在这个过程中，还出现了一个小事故。原来要保持供水的管道突然穿了一个小孔，渗出的水几乎把整个基坑都淹没了，进了几万立方米的水。我印象非常深刻，因为那天刚好我父亲出院，我父亲病危住院期间正赶上工地很忙，未能回去照顾，原计划是等他出院时去看他，不料刚出院便接到了电话，那天还是平安夜，一听到工地出了事情，我就立马从老家赶了回去，连夜召开会议，制订了应急抢险方案，在短时间内动员水电三局的力量，经过三昼夜抢修，最终按时恢复通水。

后来我们也拿这件事作为一个典型，从中吸取教训，举一反三，认真总结。当时水电三局里的很多干部都参加过那次总结会，从这件事情上吸取教训，作为案例学习，让每一位参与者都有收获。

东改工程建设对水电三局的影响经久不衰、源远流长

东改工程建设，对水电三局而言，是一个奋斗的大战场、成长

的大舞台、发展的大机遇，影响尤为深远。

建设东深供水工程，水电三局既作出了奉献，也收获了很多。比如，能参加这项工程建设，就是对水电三局技术水平、管理能力的认可。早在做一期、二期扩建工程时，当时国家为了做好这个项目，进口了一批比较先进的设备，包括日本的小松、美国的卡特彼勒等施工设备，这在整个广东都是比较罕见的设备。当时在东莞，最好的设备都在我们的工地上，所以每次那些设备一出动，周边会有很多人来围观，附近的村民从来没见过这些先进设备，都会来看，当时也挺为我们单位拥有这些设备而感到自豪的。

东改工程建设期间，工程总指挥部还发起了劳动竞赛。当时的劳动竞赛不是形式主义的劳动竞赛，它是扎扎实实地真正从工程进度、外观质量等高标准去评比，大家都积极参与。当时所有标段都参加了，每个季度进行评比，评比完以后，胜出标段就会被授予"标兵段"的牌匾。这是个流动牌匾，如果下次评比你落后了，牌匾就要送到别的单位了，所以各个标段就会想尽办法来争取，保住这个荣誉，这在很大程度上激发了各个项目部人员的积极性。一次只评3个"标兵段"，如果连续三次评比都能优胜，总指挥部就授予"信得过标段"的荣誉，这也是一面流动旗帜。有了这样的机制，这个劳动竞赛搞得很活、搞得很实。

通过这种劳动竞赛能激发大家的荣誉感，去挖掘单位、个人的潜能。说实话，东改工程这一举措，对我们后来的管理都有着深远的影响。所以当年很多参与过这个项目的人，直到现在都感到十分自豪，那是一辈子的自豪感。

东深供水工程建设为水电三局培养了一大批专业技术管理人才。如果按时间节点，可以说2000年以前加入水电三局工作的员工中百分之七八十都参加过东深供水工程建设；如果按退休的人员来讲，现在退休的 1000 多名老员工几乎都参加过东深供水工程建设。

现在的水电三局，有相当一部分领导、中层和骨干也都参与过东改工程 A-III_2 标和 C-IV 标的施工。这两个项目对培养企业人才、对施工人员个人成长来说，都有着举足轻重的作用。水电三局这么多年的历程都跟这个项目息息相关，水电三局人对东深供水工程有着非常深厚的感情。

口述者为当年参与东深供水第二、三期扩建，太园泵站和改造工程建设的建设者。

回首当年，我为自己是一个东深供水的参与者感到自豪。

祝愿粤港人民 因水而兴，

安康乐业。

2021.3.17

能参建东深供水工程
我感到很自豪

◆口述者：黄炎城

我是 1970 年 8 月 18 日到广东省水利电力厅报到，正式入职水利行业的。报到以后，被安排到粤北乳源县泉水水电站施工工地，后来东深供水工程开始一期扩建，我就参加了工程建设。

东深供水第二期扩建工程——深圳水库输水闸门井施工。(广东粤港供水有限公司供图)

在我几十年的职业生涯中，先后参与了东深供水一期、二期和三期扩建工程建设，在第四期改造工程建设中，虽然没有主持具体项目，但对单位承建项目的技术难题常常下工地进行指导，在应对一些突发的防洪抢险、工地事故等险情也到工地现场指导处置。

还在读书的时候，我就听说过东深供水工程，它对香港来说意义重大，可以解决香港几百万人的民用、工业和园林等用水问题。香港本地水源非常缺乏，如果没有对港供水，市民生活会受到很大影响，更不要说发展了。

这项工程还是周恩来总理亲自批准建设的工程，所以我们的责

东深供水首期工程桥头泵站施工。(图源：《东江—深圳供水工程志》)

任非常重大，同时也感到，有机会参建这个工程很荣幸、很自豪。

一期扩建工程时，我主持的是白泥坑渠道和桥头抽水站，还参与了塘厦抽水站、司马抽水站等项目的施工。当时我大学毕业不久，以技术员身份参与工程建设。到二期扩建工程的时候，我是施工队队长，负责工程项目的技术工作和日常的生产安排，主要负责竹塘抽水站，包括增加一个10米宽的泄洪闸，一个新的厂房、新的变电站，还主持了上埔、雁田、沙岭3个抽水站的施工。到三期扩建工程的时候，我是广东省水利水电第三工程局的总工程师，负责三局参建工程的技术指导和安全检查。

作为一项重大工程，当时的施工要求都很严格，不管哪部分项目，只要任务下达后就一定要按时保质保量完成。因此，每一个参建的技术人员和技术工人都要做好每一项工作，这是我们的责任。我也不例外，每天都在工地勤勤恳恳工作，尽好自己的职责。

一期扩建工程时，作为一个刚参加工作不久的技术人员，拿到施工图纸时很高兴，我们能够为深圳和香港同胞办点实事，能够为他们建设供水工程，解决供水问题，这是我们的光荣，也是我们的责任，这样一项重大工程不是每个人都有机会来参与的。因此，我很愿意去承担这样一项艰巨的任务。

我是学土木建筑的，土木建筑和水利工程专业比较接近。在来东深供水工程工地之前，我在泉水水电站搞过施工，还曾支援广东

157

省人民防空工程，这些工程项目我做出了一些成绩，工作业绩得到了大家的认可。因为我有一些工程建设的经验，工作做得还不错，所以单位就把我调来参与东深供水一期扩建工程建设。

那时候，工地的工作很辛苦，生活环境也比较艰苦。记得当时在泉水水电站，物资很缺乏，一个月才吃一次猪肉，日用品非常紧张，我们下山到县城有26公里，到韶关有60多公里，非常不方便，所以很少有机会出去。经过在泉水水电站工作中的磨炼，相比之下，东深供水工程这边生活条件会好一点，沿岸有很多村庄、小镇，生活必需品都可以买得到，我们已经觉得不怎么苦了。

在东深供水工程施工中，困难有不少，比如不停水施工。我们在二期、三期扩建工程的时候，都有这样的项目，实行不停水施工。举个例案，我们扩建泄洪闸，原来有四孔，需要增加一孔，增加的这一孔要围起来建，也就是做围堰，把里面的水排干再施工。这就比较难，因为在施工时，河道水位始终保持在高位，我们围堰围得很高，如果遇到特殊情况围堰垮了，整个基坑就进水，之前所做的工作就白费，又得重来，就会严重影响工期。又如，三期扩建时，工程沿线有十几个单位参建，如果一个施工点被水淹了，不但影响这个施工点的工期，还将影响整个工程沿线的工期，同时设备的损失也会非常大。所以不停水施工是一个难点，带来很多不确定的因素和困难。

用手工钻切割，也是一个不好干的工作。一期扩建工程因为要增加供水量，需要扩大机组的规模，也就是在原来厂房机组的基础上，每个厂房要增加一台机组，所以就要把原机组边上的混凝土用手工钻切割，一点一点连起来，切割完后把水泥块搬出来，再另外浇筑混凝土，来安装新增的机组。

东深供水第二期扩建工程——深圳水库至三叉河对港供水交水点的输水箱涵。（广东粤港供水有限公司供图）

一般来讲，用手工钻完成这个工作需要 5 ~ 7 天时间。尽管这个工作很麻烦，但在当时的条件下也没有什么好办法：一般的机器锯不动，没法干；大型设备又进不去，也用不上。如果是气腿式风钻，人只要扶着它操作就行了，用手工钻靠人力就非常辛苦。此外，手工钻切割的过程一定要喷水，不然切割带来的粉尘进到了肺里面就容易得矽肺病。

工地技术负责人是工地上的主心骨，遇到突发事件，不仅自己要带头干，还要领着大家干。记得有一次汛期施工，来水非常多，眼看洪水就快要没过堤坝了，处在防洪抢险的关键时期，需要赶快加固，看着眼前的危机，我带头扛起沙包，并招呼大家跟着我一起去加高加固堤顶，最终在大家的齐心协力下，成功排除了险情。还有一次，当时要建一个新的涵管，我们在基坑下面打了两排钢板桩，中间有四五米宽，填了沙袋，中间有钢梁连接，但是因为底下出现管涌，有些钢板桩倾斜了，需要紧急处置。我带领大家赶快在上面多堆些沙袋，再加厚一点，用沙包顶住，很快便排除了险情。

东深供水工程扩建后，香港有关方面与我们一直保持着友好关系。我曾经有幸受邀参观他们的水务工程，看到我们能够给香港提供这么多水源、水很清澈，感到很自豪。

一期、二期、三期扩建工程我都经历了，应该说，我对东深供水工程很有感情。每当我看到东深供水工程，我就想起我在这里生活过、工作过，还有一些过去曾经共事的熟人。虽然我现在已退休十多年，但与原东深供水局（2000年改制前东深供水工程的管理单位）很多老职工都有联系，而且关系都很好，他们也非常照顾我。当年我在桥头站施工的时候，生活条件还比较困难，抽水站会经常放水，放水就有鱼，东深供水工程桥头站的职工抓了鱼经过我家门口时就会放下几条。这些事现在回想起来还是感到很温馨。

　　我在建设东深供水工程付出努力的过程，是我职业生涯中一段很有意义的经历，感到非常光荣和自豪。如果当初不安排我来东深供水工程建设工地，而是到别的地方，我就得不到很好的锻炼，虽然有可能生活条件比现在好，但我不后悔，个人失去的可能是我没有更高的工资、没有更好的福利，但我得到了很好的成长，收获了人生比较丰富的阅历，至今回想起来依然有成就感。但取得的成绩是集体的，我为自己成为其中的一分子感到骄傲。

　　口述者为当年参与东深供水第一、二、三期扩建和改造工程建设的建设者。

东江之水

滋润粤港两地！

黄炎城

2021.4.2.

我有 28 年的光景
参与东江水供港事宜

◆口述者：黄国礼（香港）

东深供水工程对香港供水，体现着国家对香港同胞的亲切关怀，也彻底解决了香港水源不足的问题。这其中的经历，特别是去较详细地忆述初期工作一些可能被遗忘的细节和轻松趣事，在了解当时人物和环境的同时，也体会到粤港双方当时面对的困难和作出的努力。

我于 1958 年毕业于香港大学土木工程系，完成两年见习后，在 1960 年加入了港英政府水务局（后改名为水务署）。由助理工程师做起，一做便工作了 32 年，1992 年退休时任至署长。在这期间，我有约 28 年的光景是和一班好同事一同努力，以不同形式参与东江水供港事宜，由幕后做到幕前。在我退休时正值第三期扩建工程高峰，供水系统已经有了稳健的基础，能够按部就班地继续发展下去。

策划管理食水供应，与东江水供港结缘

广东省供水给香港始源于 1960 年，从深圳水库输水香港，初时供水水量也不大。那时候，我刚巧初入职水务局，间中听闻同事谈及此事，但不太了解其中细节。后来才知道，东江水供给香港的事宜，是直接由国务院批准的。

20 世纪五六十年代的香港严重地缺乏食水，制水（限制用水）

1980年5月14日，广东省水利电力厅厅长魏麟基（前排右二）与香港工务司（司长）麦德霖（前排左二）在广州签署从东江取水供给香港、九龙补充协议。（图源：《东江—深圳供水工程志》）

乃常态。1963年至1964年发生历史罕见大旱灾，香港降雨量破最低纪录。在最严峻的那段时候，香港居民要隔四天才获供水四小时，苦不堪言，因此市民不断要求政府扩增水源。在那个年代，港英政府一切重要政策全部在英国拍板，本地公务员得知的细节十分有限。那时，香港除了赶快策划加建巨型水库和临时从珠江口用船运水来港使用之外，粤港供水计划也在如火如荼地进行。

我在20世纪60年代中期调升到局内供水部门，工作是策划和管理香港日常食水供应，包括预测未来用水增长和计划如何开源节流。当中最重要的一环是研究每年须从粤方供多少水给香港才够用，涉及短期、中期和远期预测。每次港方和粤方开会之前，我需要和当时聘请的英国顾问公司一起工作准备预测报告，给局长作会谈的参考。这个环节的工作一切都在机密下进行，我要越级直接向副局长及局长汇报。这也是我在幕后和东江水供港结缘的开始。

初期供水需求量是用人工手算，到20世纪60年代中期，计算机开始普遍化，故改为利用计算机程序去推算。方法是引用模拟原理，考虑因素包括每月估计用水量、降雨量变化、100 年或 200 年一遇旱灾、东江供水量和海水化淡厂产量等。计算机可计算出准确的制水机会率，所以推算出来的供水需求量也很准确。

我那时对计算机是门外汉，于是到一家国际计算机公司 ICL 报读一个短的有关课程。当时港英政府的计算机设施只在起步阶段，硬件不足，应用不够，所以派我去在英国伦敦总部的顾问公司和他们一起工作，并利用当地的计算机设施进行方程式测试和应用。

我特别记得那时候的计算机比现在的电冰箱要更高、更大，输入资料及计算程序时，需要在计算机咭打孔，一步一步地慢慢进行。由于方程式记忆系统很大，每次试验需时至少 30 ~ 40 分钟。如果用今天的计算机做同样的工作，缩短时间何止以倍计。整个工作也让我留在英国用了四个多月才做完。

回港后，我继续在同一岗位工作，也有定期检查研究香港对东江水的需求。在此时期，香港人口快速增长和经济飞速发展，用水量也大增。我们估计当时东江供水系统输送能力很快便达到饱和，又需要提升了。

在踏足罗湖那一刻，很有一份血浓于水的感觉

在 20 世纪 70 年代中期，我首次获派到广州参与粤港高层会议，算是我由幕后走到幕前的开始。当时，开会的港方代表以几位英籍高层为主，三位华人辅助。三人中除了我以外，还有李铨工程师和刘道轩工程师。我们并肩作战参与往后会议，直到刘工退休后才有些更换。话说来，我们三位今天都已是八九旬老翁了。

第一次在广州会谈的一切，今天我还记忆犹新。当时，由香港乘火车到广州，要先走过罗湖桥。那也是我这辈子首次进入内地。

在我踏足罗湖的那一刻，心里面突然感到非常激动，甚至泛起一点无名的兴奋，很有一份血浓于水的感觉。

东深供水第二期扩建工程塘厦泵站枢纽。（图源：《东江—深圳供水工程志》）

到达广州，立刻得到粤方的盛情款待，让人倍感宾至如归。我们住在一所历史悠久的酒店，沿途经过广州的大小街道。20世纪70年代的羊城，街道上单车比汽车多数倍，一大群单车约十辆一排地擦身而过，到今天那影像还是尤其清晰。首晚粤方设宴为我们接风洗尘，菜肴很丰富。

饭后，我立刻回房间休息。我有点担心第二天的会议，毕竟这是我第一次的经历。第二天，会议开始时间比较早，经过双方团长的首轮对话后，我们双方很快便讨论细节。之后再有小组讨论，就技术性问题进行深入交流。坦白地说，我有点战战兢兢。事实上，会谈过程非常顺利，气氛保持友好，大家很快便达成了基本共识。事后细心一想，理解到我们在前期已经不断地经书信往来，双方有了充分的沟通，开会只是加深了解和程序上的需要而已。

我当时普通话不灵光，又要为英籍上司做准确笔记，过程不比克服工程问题容易。幸好，我们得到粤方的理解、体谅和帮助，他们不时以粤语为我们做解释，免得我要操着不纯正的香港普通话跟他们谈话。回香港后，我当然立刻加把劲参与普通话研习班。

回港路上，我们参观了东江水全线系统。五辆房车浩浩荡荡地由广州南下，到过主要的抽水站和取水点。东深供水工程管理局负责人途中加入，全程作了详细介绍，这也开始了我们日后就日常供

1989年，广东省政府代表和港英政府代表签署第五份供水协议。（口述者供图）

水安排与他的紧密合作。那个年代当然还未有广深高速，路程有点崎岖。除了经过一些小乡镇外，见到很多耕地和农村景象，跟今天繁华的东莞市当然是截然不同。当时直通新建成抽水站的马路还未全部建好，要经过狭窄泥泞小路，好不容易才能到达。时值炎夏，加上空调车还未流行，一行人到达后已是汗流浃背。细心的粤方特地准备了清水和毛巾给我们使用，用完后的毛巾和水也变成泥黄色。

从广州到深圳，途经三条东江支流。河道相当宽阔，有不少船只行驶，乃当时水上运输的主要干道。由于当时还未有跨江大桥，要过江便需要搭乘小船。粤方特别为我们安排了专用的小船，在船上细看江景，迎来一阵从东江吹来的凉风，令我精神为之一振。

一路上我们谈天，路政署借调来当翻译的工程师除了说得一口标准普通话外，也是十分健谈。路途上，他谈及过生鱼鸭肾西洋菜汤的滋味，殊不知晚饭时，正当我们一行人谈论刚参观过的系统和一些技术性问题之际，服务员突然上了一大煲生鱼鸭肾西洋菜汤。我心中以为巧合，后来厨师轻声告知我们，这是领导途中专门打电话让做的。粤方精心的安排，例子也是多不胜数。

到了深圳已经天黑，我们入住的深圳华侨宾馆，在当时乃首屈一指。那时候，深圳还未发展，人口不多，只能算是一个大一点的乡镇。市内房屋之间也有农田，晚上灯火也不多。谁能料到几十年后的今天，深圳发展何止一日千里，已经是一个国际级的大都会和科技中心。我的房间在二楼，淋浴时水压不足，但我早已习惯香港的制水，也见怪不怪。翌日，东深供水工程管理局负责人告诉我们，深圳那时候也在制水，仅靠东江水补给也不够用。纵使深圳也缺水，粤方仍依然根据协议供水给香港，没有提出减供，谨守合约精神实在可嘉。

预测水量供给不够用，推动三期扩建保需求

第二期扩建工程完成后，香港最大的万宜水库已提前开始启用，加上海水淡化厂也投入产水，香港的水源大致上较以前稳定。在个别降雨少的年份，港方可以向粤方提出增加供水以减轻制水的危机。其间，有需要时双方也有高层会谈，促进了大家的了解和默契。

由于20世纪80年代香港人口和经济也有大幅地增长，我们预测到90年代按当时协议增加的供水量将不能再满足这庞大的用水需求。这也直接促使了第三期扩建工程的会谈。同一时期，港英政府也提升了多位本地华人担任高级职位。工程界有陈乃强担任工务司（即司长），而水务署也由"局"变"署"，我也被提升为第一位华人水务署署长。这时候，适逢关宗枝先生接任厅长。关厅长平易近人，懂得以粤语沟通，大家很快便充分掌握问题并建立合作关系。

就第三期供水工程扩建，当时坊间有很多建议，包括从西江取水东运过来。最终拍板的方案，主要还是提升原有系统的供水和接水能力，发现这样的做法最为直接和快捷。通过两次会谈后，双方很快便达成基本共识。同时，我们也提出大家关注的水质问题，虽然未有实时定案，会谈也催化了日后的禁闭式输水设施。第三期扩建增加供水协议也于1989年签订，双方之后便着手加紧推行新增的工程设计和建设。

协议同意双方定期召开工作会议，也成立了设计施工技术小组就难题研究解决方案，以确保第三期扩建工程能依期完成。因我当

时担任署长，主要负责制定有关的原则和方向及做定期检查研究，而落实工程细节全部由年轻一辈的工程师负责执行。由于协议增加了稳定的东江供水，海水淡化厂也不需要应用，后来便被拆掉。

我于1992年退休后，由许文韶接任署长。当时双方工程已达到高峰，在许文韶的领导下，团队继续努力，全部工程于1994年完成。通水典礼举行时，我有幸也被邀请，目睹了这纪念性的时刻。同时，也能借此和老朋友再叙。回顾当天，很多事情历历在目。在感激国家全力帮助香港解决水源不足之余，同时也感到光阴飞逝，转瞬便过了几十年。

我离开政府部门后，继续工作于本地顾问工程公司，同时也积极参与了香港工程师学会事宜。后来，有幸于2006年当选为工程师学会会长。我约10年前全面退出工作，过着宁静的退休生活。

口述者为香港水务署首位华人署长。

源源不絕

黄国礼

解决同胞喝水问题，
我们要为国争光

◆口述者：何叙元

　　1984年2月，我在东莞常平镇九江水进行防洪闸及闸两端渠道的建设；5月施工完成后，我转战东莞桥头镇东深供水二期扩建工程，参与东深供水工程首站——东江口抽水站建设施工。土建工程完成后，我就调离了工地。1992年5月，我来到深圳，参加东深供水三期扩建工程，一直干到1993年底工程全线贯通。

　　在东深供水工程建设过程中，我深深感受到，我们的党、我们的政府对香港同胞无微不至的关爱。1963年历史罕见的干旱，香港同胞的食用水非常困难。为了解决香港同胞的食用水问题，我们的党和政府引东江水，穿山越岭开筑几十公里渠道，建数座抽水站输水到香港。

　　在我参加的东深供水第二、三期扩建工程建设过程中，当时条件非常艰苦，时间紧、任务重，但我们员工思想境界高。在改革开放初期，中国还比较贫穷，还处在起步阶段。

施工难度大、工期紧、人手缺，大家抱定为国争光的信念，拧成一股绳，边干边学，你追我赶，终于提前完成任务

　　二期扩建中的东江口抽水站，其施工艰难程度远远超出我的想象。东江口抽水站站址处在原东江河床上,与现东江主河道一堤之隔。抽水机房的基础低于东江正常水位数米,属于沙底河床。可想而知,外江水倒灌给施工带来很大的困难,挖掘机挖起一斗泥沙后形成的坑,仅几秒钟就被水浸满了。基础施工开挖常常塌崩,影响施工进度。对此,在东江口抽水站站址周边建了数座抽水泵房,打几十米深井,截汛期来水及地下水。通过 24 小时不间断抽水,降低地下水及施工难度,确保工程建设进度。

当时承建东江口抽水站工程的施工单位,是广东省水利水电第三工程局(以下简称"水电三局")第五工程队,职工不到 100 人。建这样一个抽水站,要修前后池、引水渠道,还要建设安装几台机组的厂房,在一定的工期内,工作量还是非常大的。尤其是人手不足,几十个人,工种都不一样。搞钢筋的三五个,搞安装模板的也是三五个,打混凝土的也是三五个,每一项工作都差不多是三五个人,工程却要在两三年这么短的时间内完成,压力还是很大的。20 世纪 80 年代初的时候,设备非常简陋,不像现在机械设备先进,有的还是高科技操作。以前大规模的工程建设主要是靠人来拼的,是肩挑手提拼出来的。

每样工种都是三五个人,两三年时间要把工程拿下来,怎么办?大家抱定一个决心:党中央关爱香港同胞,要尽早解决香港同胞的喝水问题,我们要为国家争光,我们要争这口气。

当时第五工程队领导班子还是比较强的。党支部书记林耒是参加过东江纵队的老战士,有为国争光的精神。队长是干设计出身的设计师李铁生。还有一个副队长,他是众所周知的老黄牛,参加过广东南水、枫树坝、泉水等水电站建设,每次他都在第一线,有丰富的工程建设经验。

工程队领导班子在考虑工程如期推进这个问题上，觉得确实是有难度的，但可以发动全体职工共同应对。所以领导班子统一思想，定下解决问题的方向之后，再去跟职工商讨，征求

东江口抽水站建设施工。（广东省水利水电第三工程局有限公司供图）

意见，看看大家有什么好主意。征求意见的结果是我们职工的想法与队领导班子的考虑是一致的。大家都认为，虽然工种不同，但我们可以在干中学、学中干。

基础开挖完成后，需要捆扎钢筋。以往钢筋加工制作、搬运、安装绑扎、焊接等都由钢筋工自身负责，完成验收后交木工安装模板，模板安装完验收后才浇筑混凝土。现在大伙一起上阵，以专职师傅、技术干部现场指导等"传帮带"的办法，解决专业人手不够的问题，同时消除待工现象，人人有工干了，工程进度也不断加快。

后来队领导又组织40人，包括两名技术干部，担负东江口抽水站所有钢筋混凝土结构工程施工的任务。加工钢筋的时候，他们在师傅的指导下学习怎样去弯折钢筋。大家齐心协力，很快把扎好的钢筋推到工地现场，及时铺设。

钢筋问题解决了，那模板部分也可以这样干。安装模板时，又采用同样的方式，三四名木工师傅边干边指点我们这些门外汉，大家你一块我一块装好模板。钢管8米长，也是你一条我一条这样扛上去的。施工场面热闹得很，工作效率很高。

东深供水第二期扩建工程东江泵站施工。（图源：《东江—深圳供水工程志》）

在施工过程中，工程队涌现出许多感人的故事。队里有几位还有两三年就要退休的老党员，如彭里路、李桃明、谢炳华等，他们不以自己是老师傅自居，而是按一个党员的要求，跟大家一起干、抢在先。他们说，虽然再过两三年就退休了，但在职一天就要出一天力，为香港同胞多做点事情，对香港供水尽一份力。

建设水利工程，经常需要安装二三十米或更高的立式模板。这样高的模板，从上面看下去，很多人会心慌害怕。许多老同志就是在这样的环境下施工，一些年轻人见到就会说：老师傅，太危险了，你年纪大了，不要这样干了，由我们年轻人来干吧。他们却说，你们放心，我们会注意的。看到老同志、老党员都那样拼命，年轻人深受感动，更加倍工作。就这样，你追我赶，整个工地热火朝天，活干得很快，心情也很舒畅。

工程队的陈立明技术员，刚出大学校门来到施工队，工作吃苦耐劳，不仅指导工作，而且他也亲自去干。大家说，你是个知识分子，不要搞得太辛苦啦，把这个交给我们干就行了。他说，我跟你们一起来，这样可以减少一道工序，验收的时候我心里有底，因为我在现场干，验收这一项就可以省了，也节省时间。

陈技术员工作兢兢业业，任劳任怨。他家在东莞大朗镇，从单位骑摩托车回家，仅需半个小时。但他却很少回家，一心扑在工作上。他对工作认真负责的态度和精神一直感染着我们，所以不管是老同志还是新员工，对他都很敬佩。

东江口抽水站工程虽然施工难度大，专业人员不足，但由于大家都有为国争光的信念，加上政策上的激励，最后保质保量提前完成工程建设任务。

苦干巧干，不惧危险，有党的领导，有坚定的信念和大家的智慧，无论施工难度多大都无往而不胜

水电三局承建的东深供水第三期扩建工程是一个难度很大的项目。东深供水工程的重要组成部分——深圳水库，原来就建有出水口、出水渠。为了扩大供水量，需要在水库大坝的另一端建设一个出水渠。这是东深供水第三期扩建工程的一项重要内容。这项工程由水电三局第五工程队负责施工建设，主要是建设出水闸和隧洞调压渠，施工难度大。

我是1992年5月去东深供水第三期扩建工程建设工地的。当时工程建设任务已经过半，工程正处于建设难度很大的隧洞闸门井施工阶段。隧洞闸门井的地质状况相当复杂，强风化的断层多。我们老队长张国华曾经参与很多隧洞施工，见过很多这样的断层，见多识广，经验很丰富，很"牛"，我们都亲切地叫他"牛叔"。有一次，张队长带领职工处理塌方，断层很高，当时年轻人多，没有见过这个场面，心里面有点慌。张队长反复叮嘱大家，如果有一两块小石块掉下来，这就是塌方前的预兆，要注意上面的小石块，当看到有石头掉下来的时候，就要相互告知。他告诫大家，边工作边动脑子，仔细查看。

果然，塌方很快出现了，开始的时候有小泥巴小石块掉下来，没过两三分钟就比较密集地掉下来。他大声呼唤："同志们，要塌方了，快点退出来！"那一次，刚退出来不到十分钟，顶上强风化的断层

就哗啦啦地塌下来。

张队长对塌方的准确判断让在场的人员都很佩服。过了半个小时，看到没有什么动静，他告诉大家可以进洞了，但要保持警惕。我们就把安全支撑架推过去，立起来。支架不是立好就行，还要爬到上面去，填东西塞紧，顶住上面，做一个填一个，步步为营，最大限度地保障安全。

但是好景不长，1993年3月，水电三局职工大会闭幕的那天，大家一起吃饭，张队长突发脑溢血，离开了人世。失去了那么好的一个领导，大家十分悲痛。局领导怕大家的悲痛情绪影响工作，耽误时间，第二天一早就赶到工地，鼓励大家化悲痛为力量，把工程完成好了，把耽误的时间夺回来，就是对老队长最好的一个缅怀。

怎么样去夺？这不是口号，要想办法。我们把农民工集中起来，老同志、技术干部多担当一点，手把手地教他们，培养他们。我们把农民工和队里的员工分成两部分，一起进洞施工，一部分人进行隧洞灌浆，另一部分人开挖闸门井和浇筑隧道混凝土。即使老队长不在了，我们也一定要把工期夺回来，这样大家心里多少能得到一些安慰。

在这里我要夸夸工地的技术干部。比如钟钦生，他虽然中专毕业，但在工地已经干了好几年。还有个大学生肖汉东，河海大学毕业出来工作没多少年，但也有一些施工经验。两个人分头带领员工一个搞闸门井和隧道混凝土、一个带领员工搞灌浆，都很负责任、很能吃苦。那年10月有台风侵袭，把工棚的房顶都揭开了，但他们仍在井里坚守岗位。有的同事让他们回去看看，他们却说，我个人的损失是微不足道的，如果工地上有点闪失的话，那问题就严重了，对国家来讲就受影响了。

　　那时候灌浆刚好是在塌方段最大的地方。肖汉东在闸门井最后一块混凝土施工中，一连干了十几个小时。我们的知识分子不怕苦、不怕累、不怕危险，这种崇高的境界多么让人感动，所以大家累了也毫无怨言。这是"牛叔"精神的传承和发扬。

　　大家都认为，能为水利建设付出，为香港同胞排忧解难，为国家在国际上赢得声誉，我们这样做，值！

　　在东深供水工程建设工地上，除保质保量如期完成建设任务外，水电三局还有另外的收获，就是工程参建人员通过锻炼，都变成了多面手，一专多能，会扎钢筋、会电焊、会立模板，培养了一批人才。后来若干年，闯市场、做高架桥、搞公路建设，水电三局参建的工程声誉都很好，产值也芝麻开花节节高，一年比一年好。

　　口述者为当年参与东深供水第二、三期扩建工程建设的建设者。

有党的领导，有党的
阳光政策，和大众的智慧
无往而不胜。

何叔元
2021年3月18日

我把青春献给了东深供水工程

◆口述者：李开环

 作为东深供水工程建设者，我在东深供水一期、二期、三期扩建工程（以下简称"一期扩建工程"，以此类推）的工地上都付出了辛勤的汗水。从1976年至1996年，这20年间，我都参与了东深供水工程三次扩建的一线施工，住过茅草棚、树皮房、泥草房、竹达房，工程在哪里，家就安在哪里，我把青春献给了东深供水工程。2021年4月，中共中央宣传部授予东深供水工程建设者群体"时代楷模"称号，这项工程得到了党和人民的肯定，并给予这么高的荣誉，我感觉到无比的光荣和自豪。

 我1962年考上大学，1967年毕业，学制五年。当时正值"文化大革命"期间，延迟了一年毕业。按照要求，到部队接受了一年多再教育，1970年分配到广东省农村水工程总队工作。到单位报到后，即分配到下属第三工程队（后改为第三工程局，即水电三局），该局正在泉水水电站工地施工。该水电站位于韶关乳源瑶族自治县的深山老林中，距离县城还有几十公里，当时分到厅里的一批学生都被安排去泉水水电站工作。

 在那里建设水电站，很苦啊！水电站所处的原始森林里面有猴子、狗熊、老虎。泉水水电站技术上挺先进，大坝是非常薄的双曲薄拱坝，建设难度很大，在世界都有名。由水利电力厅刘瑞祥总工程师设计，当时条件很艰苦，他住在很矮的稻草房里面设计、画图。

坝后电站。东深供水二期扩建时，在深圳水库坝后建了一个电站。（邹锦华 摄）

从 1970 年到 1976 年，干了六年泉水水电站施工工作后，我接到省水电三局的指令，派我参加一期扩建工程建设，并安排我当第一工程队的党支部书记。第一工程队是主力队，是最先开赴工地的队伍。

一期扩建工程最先建设的是塘厦抽水站，主要是增加抽水机，提升抽水能力。要增加抽水机就要抽干水，对香港供水又不能停，只能做围堰施工。做这个围堰很困难，当时我还年轻，没有真正的施工经验。我用土办法，准备草包、泥巴，组织一些比较强壮的工人和民工，下到水里施工。当时我们工程队有一两百人，还有很多民工。

那个时候没有防水服，穿个裤衩就直接下水。天气冷，就用大锅煮姜汤，下水之前大家喝点姜汤热热身子。当时我是支部书记，要带头干活，第一个下水，大家后面传递草包到水里，比较深的地方就由年轻力壮的下水。

一期工程扩建的时候，住宿条件很不好，我们只能找农民废弃的房子，或者临时搭些工棚。工棚顶上铺毛毡，墙壁是用竹子编织的竹网，一大块一大块挂上去。不过这里比泉水水电站的情况要好一些，起码没那么冷。在泉水水电站的时候，我们住的工棚墙壁是杉树皮，天气特别冷，结冰了，四面透风，冷得要命。

东深供水第二期扩建工程深圳水库穿坝顶管施工。（图源：《东江—深圳供水工程志》）

一期扩建工程建设时，我们国家的粮食是定量供应，一个人一个月 20 多斤大米。我们干的是重体力活，粮食不够吃，当时经常饿肚子。

1981 年二期扩建工程开始，我转移到深圳水库工地。二期工程扩建时，我们还是原班人马，当时第一工程队负责深圳水库至香港交水点这一段。

东深供水第二期扩建工程深圳水库输水管道施工。（图源：《东江—深圳供水工程志》）

那时候第一工程队的实力很强，技术工人骨干多。二期工程扩建时，我是党支部书记，施工项目主要负责从深圳水库坝下一直到与香港交界的三叉河交水点3.8 公里处，重新做一条箱涵，东江水通过箱涵送到香港。

东深供水第二期扩建工程深圳水库输水闸门井施工。（图源：《东江—深圳供水工程志》）

施工过程中有不少困难，主要是地质问题。有的地段地质条件好，有的不好。还要经过河流，到了三叉河交水点，河下面要走管道，水才能通过管道到香港。但水下管道怎么建，情况还是挺复杂的。当时和香港有规定，双方都不能下水，下到水里就是违规。但为了做这个工程，需要特殊处理。经与香港方商议，他们同意在我们这边办了特殊的边防证，就可以下水施工。

记得当时广东省有个副省长去检查工作，指挥部带他去现场，他没有办特殊边防证，哨兵就是不让进，只好找边防部队说明情况后才过去。

二期扩建的时候较大的困难还有台风和暴雨。台风很大，工地的工棚大部分都刮倒了。当时刚刚新招来一批学徒，在工地培训重机驾驶员。台风刮来，房子倒了，他们没见过这场面，吓得都哭了。后来我们赶快把这些人转移到安全的地方。

当时我们住在溢洪道旁边，靠近现在的管理单位，避风好一点，所以情况好一些。还有暴雨形成的洪水，导致水库水位太高，为减轻水库垮坝风险就要把水位降低，从溢洪道放水泄洪。深圳水库的水是很宝贵的，不是在万不得已的情况下是不会放水的。当时我遇见过一次，那次雨太大，水位太高，不得不放水。

1984年领导班子调整，让我到机关任计划调度科科长，家又从深圳搬到塘厦。当时是计划经济年代，计划调度科是主要部门，指挥生产、安排生产的。1985年我被提拔任副局长，随后就到了广东省水电三局机关工作，当时二期扩建工程还没有完全完工，但也差不多了。

三期扩建工程是1990年开始，这次我们承担的一个项目是在深圳水库左坝头重新做一条输水管，增加对香港的供水量，需要打一条引水隧洞，下面还要新建一座发电厂房。从隧洞到水库，在水库蓄水的情况下，怎样挖隧洞，这是个难题，工程施工是很复杂的。进水口闸门井很难施工，要在深圳水库上做围堰，把水抽干才能做，难度都挺大的。

二期扩建以后，经过多年改革开放，条件慢慢好起来，到三期扩建，生活条件，包括住宿、吃饭，都比之前好很多。

1989年我任水电三局党委书记，1996年调到省水利厅工作。

在我的职业生涯中，参加过不少水利工程建设，最早参与是韶关乳源瑶族自治县的泉水水电站建设。省水利厅建的水电站很多，泉水是最艰苦的一个。因为在深山里，条件很艰苦，完全是在没人的原始森林里面施工。最苦的还是设计院的地质勘探队，完全没路，很苦。当时提倡"深挖洞、广积粮、不称霸，备战备荒为人民"，设计时就把这个电站设计到大山里面，即地下厂房。施工设备也很差，打隧洞，都靠人力。

我们从学校刚出来就下到那么艰苦的地方工作，职工和家属，加起来近万人。有些年轻的学徒承受不了艰苦的环境，最后哭着离开了工地。虽然艰苦，大家在那里工作还是很快乐的。

后来天堂山水利枢纽、飞来峡水利枢纽我都有参与。在我参与过的这些水利工程中，东深供水工程时间最长，所以我说，我把青春都献给了它。东深供水一期、二期、三期扩建工程，连续几期时间加起来前前后后近20年。

应该说，水利施工不仅困难多、条件艰苦，还面临着工期紧的问题。甚至一些人认为，以当时的条件几乎不可能如期完成，但最终我们都很好地完成了任务。这其中最重要的因素是人，是工程建设者，在那么艰苦的条件下，大家团结拼搏，没人叫苦。在这种精神支撑下，完成了任务。

东深供水工程建设者群体被中共中央宣传部授予"时代楷模"荣誉称号，是几代人接续努力的结果，工程建设者群体付出了巨大努力，有的人还为此献出了宝贵的生命，这个荣誉也有他们的一份。

建设东深供水工程的初心是为了解决香港同胞的用水困难。当然，随着改革开放，深圳从小渔村变成现代化大城市，东莞成了世界工厂也发展起来了，供水量一直都在增加，东深供水工程从一期到三期都是扩建，主要增加供水量，与最初的供水量相比增加了几十倍。第四期改造工程主要是保证水质，同时也增加了水量。东深供水工程有效解决了香港的用水问题，香港很快就发展起来，跻身亚洲"四小龙"。

口述者为当年参与东深供水第一、二、三期扩建工程建设的建设者。

作为东深供水现建设者的一员，我感到非常光荣和自豪，更加怀念那些为东深供水工程受伤、病残甚至献出生命的战友。

李可珍

2021.5.8

我们焊接的管道
经受了三十年时间的检验

◆口述者：钟运就

　　我于 1965 年参加工作在五华县机电排灌总站，从工作到退休，一直在水利行业从事相关工作。

　　1991 年，东深供水工程正在进行三期扩建，当时这个工程钢管焊接工作量大、

东深供水三期扩建工程，深圳枢纽电站施工工地。（广东省水利水电第三工程局有限公司供图）

任务重，负责电焊、氧割的技术人员较少。五华县一向有"工匠之乡"的美誉，从事电焊、氧割这方面的优秀技术人才比较多。在广东省水利电力厅沙河机械厂邀请下，我们单位积极派出技术人员到东深供水工程协助做相关工作。

　　当时我们包了一辆车，载着我们去位于广州市沙河的广东省水利电力厅沙河机械厂。那时的作业还是以手工为主，并没有像现在这样普遍使用的角磨机等机械设备，因此我们都随身携带了凿子、铁锤等作业工具。

　　五华县机电排灌总站一共去了 10 多个人，经广东省水利电力厅

东深供水三期扩建工程，深圳水库输水隧洞施工现场。(广东省水利水电第三工程局有限公司供图)

沙河机械厂技术考核，后来留下了5个人协助工作，分在不同的地方，但都是搞焊接工作。当时条件也比较艰苦，去到机械厂还是睡在大厅里。

协助参建东深供水工程项目，主要是负责深圳水库接驳至下游电站的涵管、渐变管的焊接。我们先在沙河机械厂与机械厂的工人一起工作，在厂里负责电焊、氧割、吊装、运输等；之后把制作好的供水管一并运送到深圳水库工地，再到现场进行安装。

供水管上一条焊道就有十几米，技术要求比较高。五华县协助的5个人的焊接技术都比较好，我们严格按照国家标准焊接。

深圳天气高温炎热，对焊接人员的体能是一个挑战。大家累了或头晕了，就原地蹲着，或者用木板垫地躺着休息。有时大家干得实在累了，就大喊"开工大吉、开工大吉"，以此来缓解情绪。记得当时还有位工友因为在洞里工作太热，浑身不舒服，就去到泥土里面打滚降温，感觉才有所好转。当时因电焊留下的伤疤遍布全身各处，至今仍清晰可见。

在建设过程中困难也

东深供水三期扩建工程，深圳水库隧洞开挖90多米处的现场。(广东省水利水电第三工程局有限公司供图)

不少，遇到下大雨的天气，电压不正常，熔断器断了，工作环境炎热，又不能吹电风扇，大家个个汗流浃背，只能用毛巾擦汗、扇风。

虽然工作条件比较艰辛，但大家干劲十足，一心只想着快点完成工作，为国家和香港同胞尽一份力。

到东深供水工程工作了1年多时间，虽然辛苦，但心情比较舒畅，工友之间很友好，互相支持。更重要的是，供水管道大了，对香港的供水量也更大了，我们为此作出了一份贡献。

作为东深供水工程的亲历者，我认为东深供水工程建设者是一个艰苦奋斗、甘于奉献的群体，也是一个争先创优的群体，在工程建设中严守质量标准、严格把关。比如焊接，因为工序多，我们一般都要焊接2～3次，严格按照国标执行。工程运行至今，经历了30年的时间，没有出现大的问题，这也是对我们工作的一个检验。

口述者为当年参与东深供水第三期扩建工程建设的建设者。

饮水思源
东深工程

郗运前 2020年3月3日

183

东深供水工程：
堪称工程史上的一项奇迹

◆口述者：许文韬（香港）

"东江之水越山来"这句话，20世纪尝过水荒之苦的香港人都会铭记于心。近30年来，香港因获得供应不断的东江水，未曾经历过制水（限制用水）的年轻一辈多抱有一种错误观念，认为当今富裕社会，用水供应无限量是必然的，渐渐淡忘了前人为解决水荒付出的辛劳。

1963年香港大旱，出现了有史以来最严峻的水荒，幸得广东省政府大力帮助，才能捱过这场灾难。当年，广东省政府动用巨大人力物力，在极短时间内，建成东深供水工程输水系统，从距离香港80多公里的东江，输送淡水到香港北面的深圳水库，然后再渡过深圳河，送入香港境内，沿途把水体提升40多米，攀越深圳北面的山峰。虽然运送的水量只相当于现今的一小部分，但以当时的财力及

东深供水工程第一级泵站——太园泵站，左边为东江。（邹锦华 摄）

东深供水工程模型示意图（2003年东深供水改造工程完成后的），左下角为东江，东江水从这里进入东深供水工程，最后流进香港。
（邹锦华 摄）

机械短缺的情况下，能以极短时间完成输水工程，可以称为工程史上之一项奇迹。

我于1963年从大学毕业踏进社会工作，20多年来屡受制水困扰，有志投身水务工程，为香港人走出水荒困境出一点力，随即加入港英政府工务局，为见习工程师。一年后被调派往水务局（水务署当年称为水务局），跟随德高望重的华人工程师孙德厚先生学艺。

港英政府在1964年初水荒极度危急的情况下，与广东省政府签订购买东江水合约，协定广东省政府于1965年3月向香港供应东江水，双方需在极短时间内在境内完成所需的输水设施。港英政府早在1960年已意识到单靠贮存雨水不足以应付急剧增长的食水需求，与广东省政府达成协议，每年从深圳水库输入2200多万立方米原水，并敷设长约16公里直径1.2米的水管，由深圳河南岸木湖起，经上水、粉岭，贯穿粉岭高球场，再接上大榄涌引水道，把原水送入新界西面的大榄涌水库备用。为接收新增的东江水，香港方面需要加建由木湖至梧桐河抽水站一段直径1.2米的水管和由梧桐河至大埔头一段双线直径1.35米的水管，用以输送东江水到大榄涌水库和到当时仍在建造中的船湾淡水湖。其中木湖至上水的一段水管必须在东江水开始供港前完成。

水务局遣派负责此项工程小组由孙德厚工程师领导，组员为助理工程师余卓文先生和本人，督察梅浩林先生及十多名工地测量和监督人员。孙德厚工程师同时亦为与广东省政府商谈东江水供港事宜代表团成员之一。因时间紧迫，订购大型水管及从英国运输抵港需时，施工时日有限，工程必须在三个月内完成。整体工程分为三段，由三个承建商同时建造。因需要不分日夜赶工和当时新界地区公共交通工具缺乏，所有水务局工地员工都需要集中食宿于上水一座由承建商合约提供的楼房内，长时间不得回家和休假。回忆当年工作压力之大，难以文字描述。幸得各方努力合作，工程及时完成，成功协助香港避过一场损害民生经济的灾难。

我在香港水务署工作35年，处理直接和间接与水有关的种种问题，见证水对经济民生的重要性，体验到有水与缺水之乐与哀。除了一段时期主理用户供水事务之外，历年工作都与东江水供港有关，如预测水量需求、规划东江水在港之分配、逐步扩展输水系统等，以迎合东江水量增幅。

广东省向香港供水至今已经历一个甲子，从20世纪60代初起，一直不断大量增加以满足香港发展需求，到20世纪90年代后期转为过量，导致香港水塘在雨季中不时满溢，各方开始关注用水浪费。原因是香港工业在20世纪80年代后期开始大举北移入广东深圳，耗

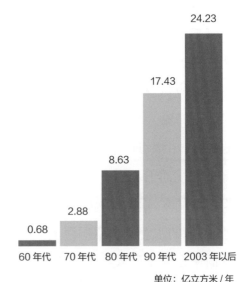

单位：亿立方米／年

东深供水工程年供水能力对比图，数据统计至2021年。（数据来源：广东粤港供水有限公司）

水量大减。同时另一方面，供港水质亦由清澈河水渐受污染而下降，致社会负面舆论不绝，水务署备受压力。原因是东江水输水渠道沿途地区在那个年代工业蓬勃，人口激增，而环保设施未能同步设置，以致生活及工业废水处理失衡，污染河道。

我在 20 世纪 90 年代致力推动改善东江水输水系统，倡议以密封式渠道替代天然河道，以避免废水排放污染东江水，并安排以预付水价和免息贷款方式资助工程建设。密封管道终于 2003 年竣工，东江水受污染问题得以彻底解决。

东江水供港数十载，据记忆所及，除特定设施维修时期外，从未间断。港粤两地有关工作人员合作无间，尤其 20 世纪 90 年代得到广东省水利厅厅长关宗枝先生鼎力协助，所有供水难题都能迎刃而解。今日东江水占港用水量约八成，我认为以香港本土水资源加上现有之供水设施，只能支撑一个约 300 多万人口和工商业的城市，而香港在 2000 年人口已达 660 万。假如没有东江水越山而来，香港怎能成为中国版图上的一颗明珠，更遑论成为今日亚洲金融中心。

口述者为香港水务署原署长。

焊接技术过硬才有机会参建东深

◆口述者：钟录正

从 1981 年在五华县机电排灌管理总站工作至今，我在水利系统已工作整整 40 年，岗位是焊接技术人员。原本像我们这样的基层单位是没有机会进入东深供水工程建设的，但因为当时工期紧、工地又缺乏焊接技术人员，经过选拔和现场测试，很荣幸，我参加了东深供水三期扩建工程供水管的建设。

20 世纪 90 年代初期，我们单位发展得还算不错，主要从事水利工程设备制造和安装，技术水平在省里面有一定的知名度。因为东深供水三期扩建工程建设工地缺乏焊接技术人员，工程须于 1997 年香港回归前投入运行（实际上，三期扩建工程于 1993 年完成全线贯通、1994 年实现通水），工期赶不过来。当时，广东省水利电力厅下属的沙河机械厂发函，邀请各地有关单位有电焊技能的人到东深供水工程支援建设。

设备安装这些内容和技术，机电排灌管理总站本身都有，我们在周边及其他地方的电焊工作做了很多，变压器、电动机、水泥管、压力管等也做过不少，我们的技术构件水平在粤东地区还是可以的。这次既然受到邀请，我们抱着这样一种心态：我们有这样的技术水平，要在省里的大型工程、里程碑工程建设中亮相一下，看看水平怎么样，检验一下自己。

接到去东深供水工程建设工地的通知后，我们也没有什么特别准备，就是把在单位平时用的设备工具都带上，抱着学习的态度就出发了。

记得当时是早上出发，从五华县到广州市已是第二天，然后从广州市坐绿皮火车经过 8 个小时到深圳，下车以后统一坐车前往深圳水库。

我们单位一共去了 10 多个人，到沙河机械厂后先休息半天。当时的电焊工不是随便都能上工地，需要通过严格技术考核合格后，才能到工地施工。幸运的是，经过沙河机械厂电焊技术考核，最终选用了我，通过技术考核并留下来的还有另外 4 人。

可以这么说，沙河机械厂对电焊技术的要求是很严格的，对一般单位的电焊工并不认可，需要经过严格技术考核才能录用。他们说，就你们五华过来的电焊工技术还好一点，其他单位来的都拿不出手。听到这样的话，我便自我谦虚了一下说，技术含量一般般吧。

我们参加的是东深供水工程供水管的施工。广东省水利电力厅下属的工程施工单位有建筑资质，有技能的人先到现场施工，之后我们再到现场加入施工行列。

我们主要负责深圳水库供水弯管部分工程的制作安装，供水弯管厚度为 28 毫米、直径 4 米，从制作到安装，我们和沙河机械厂合作干。施工过程中，从沙河机械厂把供水管制造好以后，分期分批运到深圳水库施工现场，我们再进行现场安装。

当时住的是工地工棚，回到工棚以后，我们一定要休息好，这是干活的需要。因为焊接工作需要精神高度集中，如果不小心被电焊碰到一下，就会蜕皮，烧伤皮肤会很严重，所以从施工现场回来，非常疲劳，会出一身汗，衣服全是湿的。

焊接对环境的要求比较高。例如空气湿度方面，听过这样一句玩笑话，焊工挣的每一分钱，只有汗水，没有水分。如果下雨，或出现雾的时候，空气湿度高于90%是不可以进行焊接的；早上太早也不可以进行焊接工作，一定要等太阳出来时候才行。如果空气湿度高于85%、没达到90%的时候焊接，很容易出现裂缝，这种空气湿度条件也不可以进行焊接。所以，下雨尤其是暴雨的时候，这种条件下不可以施工。焊接有特别的要求，焊工属于特殊工种。

我们做的弯管部分是输水的进口管道，焊接之后要清理干净，才能进行第二个环节，每个环节之间都很严格。

因为抱着学习的心态，空闲的时候，我喜欢跟其他单位的同行坐下来聊业务，看他们是怎么控制技术的，比如电焊焊接的工艺，每个地方、每个角度都不同。而施工的时候，大家都忙于工作，交流的机会则很少。

我在东深供水工程待了大约半年时间，印象比较深刻的是，在工地大家相处得跟兄弟一样。

我们在基层工作，平时出去交流的机会很少，所以强调要学习、要提高。之后因为实行招投标，单位实力没有那么雄厚，资质也满足不了要求，做工程的机会反而少了，更难有机会参建大的水利工程。东深供水工程是广东省乃至全国都比较有意义、可以载入史册的项目，我以能参加其中感到非常荣幸。

口述者为当年参与东深供水第三期扩建工程建设的建设者。

在东深感受一丝不苟精益求精的工匠精神

◆口述者：李勤华

1983年8月，我从广东水电学校（现广东水利电力职业技术学院）毕业，与部分同学一起分配到广东省水利水电第三工程局（以下简称"水电三局"）电气实验室工作，从此由学校步入社会，踏上人生新旅途，开启人生新篇章。

刚入职就有幸参与东深供水二期扩建

毕业那年，恰逢东深供水工程进入第二期扩建工程建设（以下简称"二期扩建工程"）阶段，我的第一份工作，就是参与二期扩建工程建设，能与工友们一起负责泵站电气设备的安装和调试，感到很幸运。

东深供水二期扩建工程马滩泵站。（图源：《东江—深圳供水工程志》）

我到水电三局报到后，第一天到电气实验室上班，就看到设备仓库内摆放着一排排高大的继电保护屏，顿时感到二期扩建工程之庞大、高端和复杂，完全超出

191

东深供水二期扩建工程马滩泵站机组。（图源：《东江—深圳供水工程志》）

学校所学的知识和想象。

我在从事电气调试的前半年工作中，主要任务是跟随实验室的师傅和工程师们，对水电三局所承建的二期扩建泵站中，所有水泵机组继电保护屏内的每一个元件实施绝缘测试，对电子线路板进行参数设定，对屏内接线进行检查、核对。同时对所有的测试、设定数据实行登记、造册，最后形成工程竣工移交资料。

半年后，也就是1984年初，二期扩建工程进展到了施工现场调试阶段，局领导要求实验室的所有人员都要到泵站建设工地常驻和工作，并对安装的电气设备进行现场调试。我们电气实验室的主要任务是对机电厂家的继电保护屏、接线进行核对、复查，对外部接线进行检查、核对，对继电保护和中控系统进行模拟测试等。

建设工地的生活和工作条件尽管非常艰苦，但大家还是满怀工作热情，上班下班、吃饭睡觉都是非常快乐的。

电气试验来不得半点马虎和大意

电气试验是一项精益求精的工作，需要专心致志。因此同事们无论是在实验室内还是在工地上，他们的工作责任心都非常强，每个人都专注着每一项测试工作，关注着每一个数据，核对着每一条线路，在自己的岗位上尽心、尽职、尽责，总担心由于自己的疏忽而出现错误。

东深供水第二期扩建工程雁田泵站。（图源：《东江—深圳供水工程志》）

记得有一次，我在参与泵站中控室与水库坝顶的水闸控制屏核对外部线路时，已经天黑，师傅为了完成当天的任务而延时下班吃饭。当时，我为了加快核对线路的速度，并没有按照师傅所交代的"双方的对线灯需各自闪烁三次，才能确认是同一回线"的要求，而是当看到自己一侧的灯闪亮时，就擅自认为核对的线路是同一回路。后来师傅发现后，当场对此行为进行了严厉的批评，并解释说：假如这条线路是通过继电器线圈或者其他接地形成回路时，那么这盏灯也是会亮的，但不会对应闪烁，万一出现接线错误而没有被发现和纠正的话，就有可能导致整个泵站试运行失败。从那时起，在我脑海里就形成了一个"电气试验来不得半点马虎和大意"的概念，一定要严格按照操作规程进行操作，这"认真"二字从此就成为我后来工作的座右铭。

电气试验看似是一个独立的工作，但其实不然。它需要工程的各个环节、各部门、各工种的相互配合，其中就包括电气、机械、设计、土建、泵机、试验和安全监督等方面的通力合作。施工过程中就曾发生一起重大事故隐患案例：最先竣工的雁田泵站3号机组于1984年6月25日开始试运行，水电三局各相关单位的领导、专家都到场观摩、指导，当天9点一切准备工作就绪，随着局长的一声令下，3号机组缓慢启动。随着励磁电流的不断加大，水泵运转加速至额定转速，出水流量也不断增加，从中控室、水泵机房到水库坝顶闸控房的设备都运行正常。水泵正常运行半个小时后，领导发令停机，此时中控室发出停机指令，水泵开始缓慢减速，但水泵即将停止时，竟然出现了反转现象，而且转速是越来越快。当时在场参加机组试运行的很多专家、工作人员分散在负二楼的水泵房、一楼的中控室和水库坝顶闸房，是水泵房的技术人员首先发现水泵"倒转"的问题，于是很多人都开始有点慌乱，不知道如何应对。如果让水泵不断地加速倒转，就会导致水泵不可逆转的损坏等一系列严重的问题，后果不堪设想。在这个关键时刻，经验丰富的工程师吴尚宽，立马带领同事们火速跑到位于水库坝顶的电磁阀位置，急忙用撬棍和手动操作强行将电磁阀复位，使得水泵缓慢停止反转，从而避免了一次重大事故的发生。

事后我才知道是电磁阀的可靠性出了问题。事故原因是：水泵厂房与水库出水口的高差较大，距离很远，当机组停运后，相关联的电磁阀要同时动作，使得水泵出水管道的气压与外面空气的气压相同，才能实现管内水断流的目的。但是由于出水管道过长、扬程较高的原因，在水泵机组停运时会在管道内形成一个负压，阻止了电磁阀的有效动作，在管道内形成"虹吸"效应，使得水库的水迅速倒流，导致水泵反转且不断加快。后来通过优化和改进电磁阀的设计，使问题得到妥善解决。这起案例至今对我触动很大，告诫我安全生产的重要性。同时也提示我在开展各种活动时，一定要有突发应急预案。在遇到紧急情况或发生重大事故时，一定要冷静应对，这样才能最大程度地减小损失。

光阴似箭，岁月如歌，转眼间我年近花甲，尽管我已经离开了水电三局，参加东深供水建设已经过去近 40 年，但对曾经参加东深供水工程建设的那个记忆时刻萦绕在心中，或许那就是一种悠悠东深情怀。

口述者为当年参与东深供水第二期扩建工程建设的建设者。

红日高照　持续奋斗书长卷
行云流水　唯看东深楷模人

2021.4.22

施工初试包干，多干多得促效率

◆口述者：齐富义

　　我于1968年毕业于武汉测绘学院，毕业后到广州军区部队农场接受教育，1970年到广东省水利电力厅下属单位——广东省水利水电第三工程局（以下简称"水电三局"）参加水利建设，搞了一辈子工程建设直到退休。

　　虽然大学读的是航空摄影测量专业，专业与水利工程建设不对口，但那个艰苦年代过来的人，最朴素的思想就是党和国家培养了我们，只要能报效国家，秉持

东深供水二期扩建工程马滩泵站。（广东粤港供水有限公司供图）

干一行爱一行、爱一行专一行的信念，就没什么困难克服不了。因此，我到了工程施工单位，尽所能全力以赴工作，并在1980年8月光荣地加入了中国共产党。

　　施工单位的主战场是工地。刚到水电三局，我就被分配到泉水水电站，1980年到龙门水电站，后来又到天堂山水库，之后又转到东莞参与东深供水第二期扩建工程（以下简称"二期扩建工程"，以此类推）和三期扩建工程建设。

　　作为东深供水工程的建设者，我主要参与了20世纪80年代二

东深供水二期扩建工程上埔泵站。（广东粤港供水有限公司供图）

期扩建工程和 90 年代初开始的三期扩建工程。这期间我先后参加二期扩建工程的沙岭、上埔、雁田、马滩和司马泵站施工，直至 1990 年三期扩建工程建设深圳水库附属工程设施，在东深供水工程施工前后持续十多年。

在东深供水工程扩建期间，我主要负责施工管理工作，包括质量、进度、安全等。当时为了赶工期、促进度，早日实现对港增加供水量，我们整个施工队不分白天黑夜连轴转，工地施工现场一片热火朝天。我那时年富力强，对工作、对自我的要求也很高，今天能做的事决不拖到明天，把工作效率看得很重。

二期扩建工程始于 1981 年，当时正值国家改革开放初期，在收入分配上，还是吃大锅饭的形式，干多干少都一样。为了提高施工效率，加快工程建设进度，我作为施工队长，边干边摸索一些提高生产效率的方法。经过多方考虑，我当时就提出了包干制，除工资外，还根据完成工程量的多少，计算奖金、提成，实行多劳多得的激励机制，不搞大锅饭。在施工现场，当天计量，当天公告，当天就发钱，把包干激励落到实处。这一举措在把大家干劲激发出来的同时，也得到了大家的认可和支持。

新的举措一出来，就得到一些人的大力支持和高度认可，但那时也存在另一种保守思想，有的局领导批评我，说我搞"物质刺激，金钱挂帅"。在水电三局我属于有争议的人，正面评价的多，批评

深圳水库坝后电站。（邹锦华 摄）

的也不少。被批评的主要原因是在分配机制上有点"冒进"，有点标新立异。记得有一期党员学习班，一共七天，其中有五天是对我的批评会，使我承受了巨大的压力。但我对于这种能提高效率、促进生产的制度有信心，始终认为工程包干实行多劳多得，可以调动职工的积极性，加快施工进度，有利于工程建设，加之当时我们的计划科科长（后来做了局长）支持我，另外一位党委副书记也支持我，所以我始终坚信我的做法没有错。后来的实践证明，包干制的确是个好制度，促进了东深供水工程施工的建设。

但凡改革总会存在不同的声音，虽然承受着一定的压力，但我不贪不占，没有思想负担，坚信好成绩是改革出来的、是干出来的，一切都为了工作，为了国家的水利建设，问心无愧。现在回想起来，当时包干制的确是比较新鲜的做法，也算开创了那时水利施工行业的先河，我属于"第一个吃螃蟹"的人。后来有不少单位到我们所在的二期扩建工程桥头泵站建设工地取经。包干提高效率、促进生产也得到了大家的广泛认可。

一路走来，我也目睹了东深供水工程建设遇到的很多困难，台风暴雨、施工塌方都遇到过，已司空见惯。与现在相比，当时的施工条件和机械化程度都很差，有时卸水泥，都是靠人力装卸，自己来干。工地没有日常周末、节假日休息之类的概念，白天晚上轮流倒班。工地也没有什么娱乐活动，大家以工地为家，天天忙建设。

三期扩建工程建设完工之后，我还先后在清远飞来峡水利枢纽和英德北江防洪大堤工程等项目中继续着毕生的水利建设事业。

东深供水工程对香港、深圳及东莞的贡献非常大，香港有750多万人的饮用水来自这项工程，占香港现有供水量约80%；而深圳约50%、东莞沿线8镇约80%的饮用水也来自这项工程。有幸参与东深供水工程建设，是水利人的骄傲，我感到很自豪。

口述者为当年参与东深供水第二、三期扩建工程建设的建设者。

今天能做好的工作，
决不拖到明天。

二〇二一年3月18日

五、应急供水

　　20世纪90年代中期，由于东江遭遇过度采砂，河床下切，水位降低，在枯水期遭遇旱情，东深供水工程有时无法抽取东江水。

　　面对这一严峻局面，广东省水利厅果断采取措施，于1996年在东深供水工程东江取水口下游不远处临时修筑过水壅水浅滩，壅高水位，再利用潜水泵协助抽水，实现应急供水，挺过难关。之后又投巨资，于1998年在东江边建成太园泵站，进一步降低泵站抽水水位，提升供水保证率，确保对港供水安全。该工程一直延用至今，成为东深供水工程第一级泵站。

　　为进一步保障对港供水安全，广东省于1998年12月在深圳水库入库口建成世界最大、日处理水量400万立方米的生物硝化站。从东江引来的水，全部经过生物硝化站过滤、净化后再进入深圳水库，有效提升供水质量。

从应急到改造，参建人员浓浓的社会责任感成就了一项经典工程

◆口述者：林振勋

从 20 世纪六七十年代开始，东深供水工程就非常有名，从规划到建设都受到了业界的广泛关注。早在我分配到广东从事水利水电设计工作时，就已知道它的存在，但当时我主要参与的是粤东片的水利水电规划设计，因而未能参与到东深供水一期、二期、三期扩建工程建设中。我真正深入接触并参建东深供水工程，是从 1996 年的应急抽水工程开始的。

建浅滩壅水加潜水泵，解决河床下切抽不到水问题

自东深供水工程通水以来，东江水便成了深港安全供水的保障。但有一段时间，东深供水工程曾遇到严重困难。

东深供水工程首期至第三期扩建工程，一直利用东江一级支流石马河为主要输水渠道，将东江水引入深圳水库，最后从深圳水库坝下涵管分水至香港和深圳市。

东江水经 8 级提水后，水位抬高 46 米。东深供水工程在进行第三期工程扩建时，为了减少抽水能源消耗，决定在第 6 级沙岭泵站提水后，利用新建的雁田隧洞把水直接送入深圳水库。原有的 8 级泵站变为 6 级。

1994 年 1 月，随着东深供水第三期扩建工程（以下简称"三期

东深供水应急工程潜水泵站。(广东省水利厅供图)

扩建工程",依此类推)的完成,年供水量增加到 17.43 亿立方米,这为香港、深圳以及周边地区的经济腾飞奠定了坚实的基础。而同时,因为经济社会发展加快,工程沿线城市的需水量也随之越来越大。

三期扩建工程建成没多久,由于东江受到过量采砂影响,导致河床下切,抽水站外江水位急剧下降。1995 年底,二期扩建工程的机组在东江抽不到水,三期扩建工程的机组也只能被迫在最低工作水位以下几十公分的非正常态状态下抽水。由于东江河床渐渐失去了平衡,水位降低,无法保障抽水泵机组正常抽水,抽水变得越来越困难,枯水期问题更大。

抽水站不能正常抽水,严重影响深圳、香港以及沿途地区的供水安全。就是在这种紧急情况下,我们单位接到了参与建设东深供水应急工程的工作任务。

应急抽水工程采用的解决办法就是在三期扩建工程的取水口江段的下游不远处抛石头、浇混凝土,构筑一个长约 500 米的人工复式过水壅水浅滩,稳定三期扩建工程取水口外江水位;同时建潜水泵站,也就是在东江抽水站进水前池建应急潜水泵站,利用潜水泵

东深供水生物硝化工程通过曝气、吸附等多种生物处理措施净化水体，提升水质。（邹锦华 摄）

把水抽上来，再一级一级往上抽。有水抽上去，整个工程就活了。

这只是一个临时应急工程，主要是利用人工浅滩壅水提高水位，并用潜水泵解决低水位时不能抽水的问题。

由于是应急抽水工程，所以工程建设时间是非常急迫的。工程的难点是要客观、科学地判断河床下切可能带来的变化，通过认真分析判断，在不影响东江正常航运的条件下，确定人工浅滩的长度、宽度、高度、结构型式和高程，以及应急潜水泵站的安装高程，以保障对港供水水量的要求。

建好人工浅滩和潜水泵站应急工程，可保正常抽水，暂时解除了东深供水工程的抽水困难。

建硝化工程净化水质，给东江水装一个"净水器"

抽不到水的问题得到解决后，供水水质又面临新的问题。

在东深供水改造工程建成之前，输水通道由天然河道、明渠等组成，是敞开式的，工程沿线的生产生活废水对供水质量产生一定影响。

为提升供水质量可以通过两个途径：一个是临时解决的办法，另一个是长远的、彻底的办法。临时办法就是建造生物硝化池，将经过石马河输送的东江水，通过生物硝化池处理，过滤净化提升水质后再进入深圳水库。这种方式类似于我们给家里的自来水装一个净水器。

生物硝化池的作用是通过各种微生物发生硝化反应，将废水中的氨氮转化为氮气，从而达到净化水质的效果。硝化过程是在有氧条件下，硝化菌把氨转化成亚硝酸盐和硝酸盐的过程。当时居民用洗衣粉比较多，使得河道中的水含磷量比较多，通过这种方法处理氨氮废水的效果较稳定，且二次污染小，对多数氮化合物都有去除作用。

这个生物硝化池就建在深圳水库的库尾，规模为 400 万立方米，规划时还考虑以后东江水质可能出现不稳定，报经省政府特批按永久性工程建设。该工程当时在国内乃至全世界都是比较大的生物硝化处理工程，它对当时缓解东深供水的水质压力起了积极的作用。

建生物硝化池是一个系统工程，处理工艺需要经历科研、污水处理方案比较、试验、调试、出水、再研究、再改进等一系列过程，再加上工程占地面积不小，这在当时还没有成功的经验可以借鉴。

在广东省水利厅的领导和组织下，科研、设计和施工单位团结战斗，为了香港同胞喝到优质水，拼进度、抢时间，同时工程建设的过程也得到了当地老百姓的理解和支持，所以前后只花了一年左右时间就将这座大型硝化池建好了。

同时，为确保东深供水工程能够正常稳定取水，在东深供水二、三期扩建工程取水泵站的上游——东莞桥头镇东江边上新建太园泵站，当时定名为东江太园抽水站。

东深供水生物硝化站技术人员在讲述通过填充物料净化水体的原理。（邹锦华 摄）

205

太园泵站建好后，成为东深供水工程新的第一级抽水站，替代了之前建设的二、三期取水泵站。

另外，在做应急抽水工程的同时，我们的设计团队同步在做调研，研究如何彻底改造现有供水系统，保障粤港供水的质和量，这就有了后面的东深供水改造工程。

东改线路选得好，成为沿线有口皆碑的共识

东深供水改造工程规划设计有四个特点：一是"大"，供水规模大、设计抽水扬程高、新建输水线路长；二是"难"，选线难，处于经济发达地区，受约束和限制多；三是"高"，它是一项特别重要的工程，标准高，安全性要求高；四是"新"，要求设计理念新、施工技术新，设计出新水平。

同时，我们还为东深供水改造工程归纳了六条原则和一个设计目标。六条原则是：一是"彻底"，输水系统清污分流，不受二次污染，全封闭输水，保障供水的量和质；二是"创新"，整合和集聚现代新技术，建造崭新的现代供水工程体系；三是"快省"，充分利用原有建筑物和设施及新技术，力求降低造价；四是建设期不中断对香港、对深圳及工程沿线的供水；五是"共同发展"，充分考虑香港、深圳、东莞的经济社会发展需求，合理扩大供水规模，促进三地共同持续发展；六是"绿色环保"，保护水资源和供水走廊的生态环境，把供水系统营造成绿色环保走廊。一个目标是：把东深供水改造工程建设成为技术一流的现代化、自动化、安全可靠的崭新供水工程。

按照上述原则和目标布局工程，其中供水线路的选择是工程规划中最难的问题之一。它涉及政治、经济和社会环境，是个复杂的过程，尤其在东莞这类经济发达地区，寸土寸金，难度更大。

2003 年 6 月 28 日，东深供水改造工程建成通水后，东深供水工程的泵站由首期的 8 级变成 4 级，即太园、莲湖、旗岭和金湖泵站。图为金湖泵站及渡槽。（邹锦华 摄）

对此，我们反复调查研究，听取地方的意见和诉求，与地方形成紧密的良性互动，寻求互利双赢的最大公约数。

依照线路短、对供水沿线城乡发展影响最小、征地搬迁少以及与地方分水口布局相结合的原则，遴选可能的线路比选方案。然后对这些比选方案从技术上根据地形地貌和地质条件，因地制宜，研究经济合理的安全输水方式和总体布局，以及与之适应的各种输水建筑物形态，通过反复分析计算比选，寻求运行安全可靠、投资合理并和地方经济发展相融合、性价比高、双赢的供水线路。

最终确定的线路得到了当地政府和群众的支持和欢迎，"东改线路选得好"成为有口皆碑的共识。

印象最深的是，参与建设了这么多工程，东深供水改造工程的各项工作都是最顺利的，实施过程中不但没有遇到阻力，各部门同心协力，呈现团结建设东改工程的可喜和谐局面，就连最难的征地拆迁，都得到了沿线百姓的大力支持。

可以说，这项工程的建设呈现出的是天时地利人和，不仅香港"举双手"赞成，深圳也支持和欢迎。因为增加了供水量，石马河两岸的百姓也很高兴。通过这个工程，可以把干净清澈的东江水送到附近有需要的地方去，所有的取水口都方便群众、方便工业、方便城镇用水。所以东深供水改造工程的建设，既是为香港，也是为深圳、为东莞，特别是石马河沿线8个乡镇的老百姓提供了优质水源。

紧盯世界前沿，千方百计创新，多快好省建设

东改工程在输水建筑物设计中，设计人员整合和扩展了我国在这个领域的前沿技术，敢于迎接世界之最的挑战，不惧风险，埋头钻研，从拟型、分析、1:1仿真模型试验、定型，历经三年，成功地为工程量身定做了"设计流量90立方米每秒的后张无黏结预应力U形薄壳渡槽"和"内径4.8米、设计流量45立方米每秒的圆涵"，是当时同类型世界最大的输水建筑物，为后续无黏结预应力技术在大型输水建筑的应用开创了先河。

与此同时，东改工程中的泵站和全线自动化控制调度也实现新的突破。泵站按"无人值班"（或少人值守）的原则，放眼长远，满足安全、高效、稳定、经济和发展的需要，引进国外先进技术，以中外合资方式制造设备，并安装国际领先的大流量、高扬程液压全调节立轴抽芯混流泵，为当时世界上同类型中规模最大的。在供水系统调度和管理中，率先采用数据、语音、图像"三网合一"的传输网络技术和多层次智能化调度管理模式，实现供水和分水调度自动化、智能化。莲湖、旗岭、金湖3个泵站实现无人值班（或少人值守），在当时国内外同类型工程中尚未有成功的先例，该工程

率先实现。

东改工程始终坚持以人为本、环境优先和可持续发展的理念，从施工开始就高度重视水环境和生态环境的保护，以及水土流失防护。同时，对全线按不同的线段、不同的自然和社会环境进行相适应的环境绿化设计，坚持不让供水廊道有土地裸露，绿化环境与当地的环境融为一体，形成具有自然与环境特色的供水绿色长廊。

历经多年团结奋战，工程终于在 2003 年 6 月建成。东改工程彻底改变了之前以石马河作为供水通道的输水方式，使得从东江抽出来的优质水"原汁原味"、逐级送到东莞、深圳和香港。而此前建造的生物硝化池，则作为应急备用而存在，现在所有流入深圳水库的东江水也要经过生物硝化池净化处理，进一步改善和提高水质。

经过 10 多年的供水运行，实践证明，东改工程的设计是成功的，攻克四项技术难题，创下四项世界之最，实现了自动化、智能化技术一流的供水工程目标，为香港、深圳、东莞经济社会可持续发展提供供水保障。

因而，工程得到了行业以及省里和国家的认可，先后获得鲁班奖、詹天佑土木工程大奖、中国水利工程优质（大禹）奖、全国优秀工程勘测设计奖银质奖，入选新中国成立 60 周年"百项经典暨精品建设工程"等国家级荣誉。

在我看来，东改工程建设者是一个朝气蓬勃，心怀祖国，情系港胞，非常有战斗力，信得过，能打硬仗的群体。作为参与者，我个人觉得非常荣幸，我们不同的人在不同的岗位作出了不同的贡献，也克服了一些困难，解决了一些问题。总的来说，东改工程建设的完成，有着我们所有建设者的心血与汗水，以无愧于时代的劳动，建成一个崭新的现代化供水工程，因此感到还是很自豪的。

水利工程的建设和管理者并不单单满足于发挥工程效益，而是饱含着浓浓的社会责任感和家国情怀。

现今我已退休，回过头来想一想、看一看，觉得自己的职业生涯还是非常有意义、有成就的。在 60 多年的工作中，参与了省内许多大中型水利水电及供水工程的规划设计，其中广州抽水蓄能电站和东改工程都入选新中国成立 60 周年"百项经典暨精品建设工程"。

无论是东深供水工程，还是其他工程，为的都是家国之需、人民之利，一切归功于党，归功于人民，作为广东水利一名老兵，能为水利事业做一点事，尽一点力，我感到十分光荣和自豪，此生无悔就已足矣。

口述者为当年参与东深供水应急、生物硝化和改造工程建设的建设者。

东改创新发展，
铸就粤港供水丰碑！

林振勋
2021/4/4

我是搬水工，一直在路上

◆口述者：李代茂

　　1996 年的夏天，我从河海大学毕业，分配来到东深供水工程管理局——为香港供水的工程管理单位。我所学专业是水利水电工程建筑，按说，去设计单位或者参与像三峡、小浪底这种大型水利工程建设比较对口，就如我的同学大部分进入了水利部及各大流域机构，或设计单位或工程建设单位，像我这样南下深圳进入水利工程管理单位的并不多。但，深圳是改革开放的前沿，在了解东深供水工程的建设背景，尤其她对香港供水的特殊意义和使命后我心向往之，也期待未来我能参与到与之相关的工程建设，圆一个自己的"工程梦"，用自己所学，为水利事业付出自己的一份力量。

　　岁月如梭，回望来时路，我对自己当初的选择充满感激，也对自己参与过的东深供水工程建设的那段日子记忆犹新。对我来说，那是一份很重要也很宝贵的经历。因为她不仅是我成长的起点，也是我幸福的起点，她对我整个的人生之路有着非凡的重要意义。

从业主到监理，"梦想的起点"

　　东深供水工程北起东莞的桥头镇，南至深圳的深圳水库。公司总部设在深圳。整个工程沿线有桥头、塘厦、雁田、深圳四个供水管理部，前三个都在东莞市。1996 年 7 月刚入职时，我被分配在雁田部水工室。作为新员工，我从技术员做起，负责辖区零星工程项

东深供水工程太园泵站。（邹锦华 摄）

目如泵站厂房装修设计与施工，以及雁田水库日常巡视管理等相关工作。每天，迎着朝阳骑着单车去巡察水库大坝、去观察大坝渗流情况、去落实大坝白蚁防治等。半年之后，我基本熟悉了东深供水工程的运行管理。

1997 年 1 月，太园泵站——这个为彻底解决东深供水工程取水问题而兴建的大型泵站动工建设，项目总投资 3.5 亿元，我被调往太园泵站建设指挥部。1 月 23 日，工程正式动工，我也开启了自己正式的工地生活。

能参与太园泵站的建设，对我来说，是一个非常难得的学习和锻炼机会。太园泵站基坑围封采用的是现在已经很成熟的地下连续墙施工，也就是做四面钢筋混凝土墙对泵站的基坑进行围封。但在当时，这项技术是一项创新，也是广东水利史上的第一次。

在指挥部，我最初在工程部任技术员。而这么大规模的泵站建设，也是自己以前未曾接触过的。作为一名没有工程经验的新员工，我努力地抓紧学习——看设计文件,积极跑现场,有问题自己找资料,也虚心向别人请教……在自己努力奔跑中,在领导的带领和同事的帮助下,我迅速成长。

为了让像我这样年轻的大学生们能更快更好的全面提高,领导安排我和另外几个同期入职的同事在不同部门交叉工作与学习。最初我做业主方,后来调到监理部做监理。

记得在业主方工作时,有个质量事件让我印象深刻。当时是泵站厂房安装间需要做底板混凝土垫层,其作用是为了钢筋放到上面更干净、整齐。先在经平整的场地上铺一层十几公分的混凝土,在上面铺好钢筋后再往上做底板。按要求施工单位在做完一道工序后,需经过监理验收合格后再继续下一道工序,而当时施工单位在监理未验收的情况下就继续后面工序。当时的副总指挥周志坚认为,这一步绝不能少,还提议要通过此事在施工单位中树立质量标准意识。为此指挥部专门组织了一场质量现场交流会,在业主、设计、监理、

东深供水工程太园泵站进水口。(邹锦华　摄)

施工几方共同见证下，施工单位领导带头把未经验收的底板混凝土垫层砸掉再重新做。同时强调，没有经过监理验收，施工单位不能自行进行下一道工序。并不是说施工单位做得不好，而是施工一定要守规矩且必须坚持，否则工程质量就会存在风险。这件事当时在施工各方中产生了较大的影响，也对我触动很大。于是，我写了一篇题为《齐抓共管创全优》的文章报道此事，重点就强调了参建各方一定要把好质量关，施工单位再赶进度也要树立质量意识。确保质量，要服从监理和业主的管控。在这之后，参建各方都引以为戒，切实提高与加强了质量意识，严格按要求开展工作，质量的管理也开始逐渐畅顺并上了新台阶。

在业主方学习与实践一段时间后，我转到监理部工作。在工程项目的建设中，监理是一个把控质量的重要岗位，把控着工地现场的进度、安全和验收等各环节。

记得自己第一次去现场验收的是一个地下连续墙导墙钢筋的临时工程。验收的时候，我对比着工程图纸，觉得钢筋网间距、基面高程控制等不合格，于是不敢签字，要求施工单位整改。后来我去请教总监理工程师，像这种情况到底能不能签字？老工程师告诉我，工程建设管理，质量和进度有一定的关系，主要侧重点是要考虑主体工程质量，因为它是永久的，对于主体工程的质量须严格按照标准和图纸，而临时工程的质量尺度把握上相对就可以稍微放松一点。严格按图纸把关没错，但也要结合考虑进度。如何平衡质量和进度，怎样把握好度，则要综合考虑各方面因素，不能顾此失彼。虽说这样和对质量精益求精的态度可能会有点不相符，但实际在工程上是很常见的，特别对于临时工程，如果都精益求精，那么很可能就会影响到其他方面……

听完老工程师的解析,我基本明白了,这其实重点就是要正确把握好质量和进度两者的尺度。通过这件事,我在后期的监理工作中,也不断地在实践中摸索和学习总结,尽量地试着把这个度控制在最合理的范围。

在工地的日子,有时其实也觉得辛苦。那时基本没有周末、没有节假日,每天晚上几乎都在加班。就是办公室—工地—宿舍三点一线,偶尔的娱乐大概就是在简易办公板房前的球场打篮球了。因为南方雨季多,为了赶工期,工地经常雨季不停工,24 小时作业。不管是业主还是监理,起早摸黑、误饭点,凌晨来回跑工地和组织验收都是家常便饭。但就算如此,指挥部的同志都是一鼓劲地往前冲,想着待项目建成投产,那其中有自己的一份荣耀,那该是怎样的一种自豪。

太园泵站工程在整个建设团队的共同努力下,最终顺利的于1998 年 9 月 18 日进行机组调试运行,整个项目建设历时一年八个月。

在太园泵站指挥部的日子,是一段辛苦也充实、单调也丰富、期待也收获的日子。这里,也是我追寻自己"工程梦"的起点。都说"成家立业",在这期间,我也遇上了和我同样奋斗在东深供水线上的爱人,共同的追求让我最终幸运地收获了属于自己的幸福,拥有了一个自己的家。

从珠三角到环北部湾,"梦想的延续"

太园泵站建成投产后,1999 年,为改善与提高东深供水水质与水量,东深供水改造工程(以下简称"东改工程")上马。我从太园指挥部来到东改工程建设总指挥部,在参与了 8 个月的前期工作后,因为粤海集团重组的原因,供水公司的人员都撤回了。没能继续参与东改工程建设，我个人还是觉得很遗憾，但我夫人从太园指挥部来到东改总指挥部后一直负责档案管理工作直至东改工程建成投产，全程参与了整个工程建设，这让我感觉自己与这项工程也从未远离。

不管怎样，曾经参与过东深供水工程这样一项具有重要政治意义、经济意义、民生福祉的工程，我还是深感荣幸。东改工程建成投产后交由供水公司管理，因此后期我们与各界有不少的业务联系，在这个过程中我们都能体会到做为供水人的自豪。特别那些香港老一辈同胞提到东深供水时，都给予了高评价，表示用的水都是东深供水提供的，取水不忘挖井人，他们都心怀感恩。

"非学无以广才，非志无以成学。"人生路上，追梦的脚步从不曾停止。

2011年，我加入了"西水东调"（珠江三角洲水资源配置工程曾用名）前期工作小组，十年磨一剑，2017年5月，集团批准成立广东粤海珠三角供水有限公司，8月任命管理团队，我正式加入这个伟大工程的建设管理团队，踏上我实现"大工程梦"的征程。

珠三角工程主要供水于广州南沙、东莞和深圳，也可为香港提供应急备用水源。在珠三角工作的几年，我虽然与家人各居一家，家中事务也照顾不了，但家人都很支持我，也总让我安心工作，家人的鼓励总让我更有激情，也没有后顾之忧地全情投入工作，为实现自己的"大工程梦"，为企业去争得荣誉而不断努力着。

2020年2月，在新冠疫情防控仍然十分严峻的形势下，珠三角工程率先实现全面复工，也登上央视新闻联播，我荣幸地在工地现场有一段采访。在节目播出当晚，我的家人早早守在电视机前与我隔空相望。上初中的女儿对我说："爸爸，看着你上央视，我觉得你的工作一定很重要也很光荣，我为自己是水利工作者的孩子感到自豪，我也一定好好学习，将来让你为我骄傲！"

这是一个为梦想而奋斗的伟大时代。志之所向，无坚不入；心中有信仰，脚下有力量。

2020年12月，根据组织安排，我离开了奋斗中的珠三角工程，踏上粤西大地，加入到广东历史上投资额度最大的环北部湾广东水资源配置工程的建设，为实现自己心中那个"大工程梦"整装再出发。

时光无声，岁月有情。蓦然回首，从1996年入职供水行业到今天，从青春年华到如今人到中年，我一直在从事调水工程的路上。25年，我觉得自己如今也算是一名资深的"搬水工"了。在今后的工作中，我将继续坚定信念、真实做人、踏实做事，撸起袖子加油干，为实现心中那个伟大工程梦努力前行！

口述者为当年参与东深供水太园泵站工程建设的建设者。

精益求精　追求卓越

2021.4.16

六、东改工程

进入 20 世纪 90 年代，随着东莞、深圳等东深供水工程沿线地区经济迅速发展和人口快速增长，一些未经处理的污水流入东深供水河道影响水质，东深供水工程面临严峻挑战。

为彻底解决这一问题，同时适当增加供水水量，广东决定对东深供水工程进行全面改造，将供水系统由原来的天然河道和人工渠道输水改造为封闭的专用管道输水，实现清污分流。

东深供水改造工程总投资 49 亿元，年设计供水量 24.23 亿立方米。2000年 8 月 28 日开工兴建，2003 年 6 月 28 日完工通水。

自 1974 年至 2003 年，东深供水工程经过三次扩建和一次改造，不仅使年供水能力达到 24.23 亿立方米，而且实现了清污分流，确保供水水质免受污染并优于国家地表水 II 类水水质标准。

职业生涯从这里起步，
如今仍在坚守

◆口述者：严振瑞

虽然未能像前辈们一样，亲历东深供水工程建设初期的峥嵘岁月，但与东深供水工程的缘分也算由来已久。尚在清华大学读书的时候，我就曾听老师介绍过这项工程建设的艰辛，及其对保障香港繁荣稳定具有特别重要的意义。没想到，人生有幸，职业生涯的首站能够起始于这里。

1990 年 7 月，我自清华大学毕业后，来到广东省水利电力勘测设计院（以下简称"水电设计院"）工作，接触到的第一项重要设计工作，便与东深供水第三期扩建工程（以下简称"三期扩建工程"）有关。

可以说，东深供水工程是我职业生涯的起点，如今我依然需要用更多的努力，为它的"发展"与"延续"，付出辛勤的汗水，贡献一份力量。

入职初到东深，便独立完成设计处女作

大学毕业后，我收拾好背包，匆忙赴广州入职。没过多久，便接到了参加三期扩建工程中的雁田隧洞工程的施工图设计和设代工作的任务。印象中，大概是在 9 月初，我们就赶往深圳布心花园开展现场设计工作。

犹记得，那时交通并不发达，从广州到深圳还需要坐火车。刚开始到布心花园做设计时，住的是楼房，条件还好，等到雁田隧洞工程正式开工以后，我们被安排到深圳龙岗区排榜村的广东省水利水电第二工程局小基地当设计代表，住的是临时搭建的工棚，条件相对艰苦，蚊子苍蝇特别多，老鼠和蛇经常光顾。有个同事回家一个星期，再回工地时发现被窝里藏着一窝小老鼠。

刚从北方来到闷热潮湿的广东，对这里的气候很不适应，满身长痱子，痒起来难捱至极。其实说实话，我是浙江人，又在北方读书，对于岭南的湿热并未习惯，一度也曾想打退堂鼓，但很快投入到紧张的工作中后，就没时间想太多，对环境及气候的不适渐渐抛诸脑后，慢慢地也就适应了。

雁田隧洞是一条需要新开挖的长为 6.42 公里的隧洞。这是广东省首座浅埋长输水隧洞，也是三期扩建工程的控制性工程。就当时来说，这项工程的设计和施工都面临很大的挑战。为了确保工程的顺利建成，工程指挥部专门从日本进口了一批多臂凿岩台车；还从天津市水利勘测设计院请来主持过"引滦入津"工程设计的工程师指导设计，学习"引滦入津"工程经验，采用"新奥法"修建浅埋长隧洞。

即便如此，在工程施工过程中仍发生大大小小十多次塌方，好几次塌方导致穿顶通天。有一次，0 号施工支洞塌方涌水，总设计师廖展生带领我们设计代表夜里 12 点赶赴现场。廖总是我参加三期扩建工程设计工作时的东深室主任，也可以说是我的第一个师傅。由于涌水冒浆，设代组的皮卡车在洞内熄火，只好下车趟着齐膝深的泥水打着手电查看险情。综合分析研判之后，廖总带领我们和业主、施工等参建方一起连夜制订抢险方案，开完会回到设计代表组驻地

东深供水第三期扩建工程雁田隧洞进水闸门。（口述者供图）

已是凌晨三四点钟。

雁田隧洞进口闸是我作为主设计的第一个完整的建筑物，也可以说是处女作，至今运行良好。东深供水工程每年停水期检查，我到那里都会特别留意，觉得很亲切、很自豪。

在工地一待就是几年，亏欠家人甚多

随着改革开放，特别是邓小平1992年南方讲话以后，广州、深圳、东莞等地经济飞速发展，建筑市场更是发展迅猛，河砂需求激增。河砂超采导致河床下切，东江中下游水位下降。到1995年底，三期扩建工程的东江抽水站无法正常取水。

广东省水利厅要求水电设计院着手研究东深供水工程东江站的水位保证工程。开始的方案是，在东江站下游浅滩修筑丁坝壅高水位，改善东江站取水条件，短时间暂时缓解取水压力。但随着枯水期东江水位持续下降，这个方案行不通了，又不得不在东江抽水站进水渠修建潜水泵站，以应急解决东江站的取水问题。

为彻底解决枯水期东江站的取水问题，广东省水利厅经过研究，决定新建东江太园抽水站。

当时，我作为水工专业负责人，参与了东江太园抽水站的全过程设计工作。东江太园抽水站的建成，从根本上解决了东深供水工程因东江水位下降导致取水困难的问题，使东深供水系统的取水量有了根本性的保证。

随着东深供水工程沿线人口激增及经济的飞速发展，新的问题又出现了。受工程沿岸城市排水的影响，作为东深供水输水渠道的石马河水质渐渐变差，危及东深供水的水质安全。为确保对港供水的水质安全，广东省水利厅经过研究，决定在深圳水库库尾修建全世界最大的生物硝化处理工程，提升供水质量。工程于 1998 年底建成，暂时缓解了东深供水的水质压力。

东深供水改造工程 U 形薄壁预应力渡槽试验场。（广东粤港供水有限公司供图）

为彻底解决供水水质受工程沿线污染的问题，经过充分论证，广东省政府、省水利厅最终决定对东深供水工程实施根本性的改造，建设全封闭的专用输水系统，实现清污分流，彻底避免东江原水在输送途中的二次污染。而我又将再次奋战在东深供水工地。

从参加工作最初参与东深供水工程建设，亲身经历了第三期扩建工程和东深供水改造工程（以下简称"东改工程"），在工地一待就是几年时间。期间女儿出生，但因为工作，长时间无法在家里照顾，孩子刚满月就被送到乡下外婆家，一两个月才回去看一次，错过不少陪女儿长大的经历。记得有次回去，女儿的小伙伴来约她出去玩，女儿对他说："我今天不能和你出去玩了，我们家来'亲戚'了，我爸爸来看我了！"女儿与我生疏到如此地步，竟然把我当成了亲戚。直到今天，我仍觉得亏欠家人甚多。

关键技术创新，严谨与科学成就经典

作为水工专业的高级工程师及东改工程的项目副设计总工程师，我全程参与了该工程的设计和现场设代工作。由于时间紧、任务重，该工程施工图也是现场设计。为了加快设计进度，还从全国各地设计院借调技术人员参加项目组一起进行设计，以确保设计进度能满足现场施工的需要。我作为项目副设计总工程师，主持了该工程大型现浇预应力 U 形薄壁渡槽和大型现浇后张无黏结预应力混凝土压力涵管等 2 项关键技术研究。

至今记忆犹新的是，那时候对预应力渡槽壁厚的辩论。传统的渡槽渗漏问题比较普遍，有"十槽九漏"之说。部分专家坚持考虑现场施工的不利条件，为确保渡槽不渗漏，槽壁厚度不能少于 400毫米；另一部分专家则坚持认为常规钢筋混凝土渡槽难以避免裂缝发生，应该采用预应力结构，而采用预应力结构 400 毫米的壁厚过大，既没必要，也不经济，还加大槽身重量，对下部结构抗震不利，坚持认为 250 毫米壁厚足够了。双方相持不下。

工程指挥部反复咨询国内各方专家，最后提出采用 300 毫米壁厚开展 1:1 原型试验，通过试验验证，并根据试验成果进一步完善设计方案，最后才应用到工程中。

还有渡槽施工移动模架的研发、接缝止水的研究等较好地解决了渡槽工程的关键技术问题，为建成滴水不渗的高架渡槽打下了坚实的基础。

大型压力涵管方案的论证也经历了预制还是现浇，以及现浇预应力压力涵管的预应力体系到底是采用有黏结还是无黏结、环锚还是对锚等技术方案的论证。经过多方案的比较和论证，并咨询了国内包括赵国藩院士在内的专家的意见最后才确定了采用的方案。同时在工程施工前也开展了 1:1 模型试验验证，以确保工程的安全万无一失。

东改工程 4 项关键技术总体上达到世界先进水平，已故两院院士潘家铮给予工程"近乎完美"的高度评价。引以自豪的是，我主持的 2 项关键技术创新，为建成同期同类型世界最大的预应力 U 形薄壁渡槽和预应力混凝土压力输水涵管作出了应有的贡献。东改工程于 2003 年完工投产，2006 年竣工验收，曾荣获广东省科学技术奖特等奖、全国优秀工程设计银奖、鲁班奖、詹天佑土木工程大奖等。

2009 年，东改工程入选新中国成立 60 周年"百项经典暨精品工程"，我也非常有幸参加了在人民大会堂举行的发布会。也是在那一次我深刻地感受到，建设好利国利民的水利工程原来如此重要，也如此自豪，一种强烈的使命感油然而生！

东深供水工程能够取得如此多的成就，是一代又一代水利工作者的辛勤付出与无私贡献，可惜其中已经有很多人离开了我们。

东改工程的总设计师叫李玉珪，大家都叫他珪叔，海南陵水人，是我的第二个师傅。东改工程现场设计时，我和他一起在东莞塘厦镇水电三局招待所一个房间同吃同住了很长一段时间，他对我的影响很大，可惜他已经不在了。珪叔走的前一天，还陪同水利部的领导去现在的珠三角水资源配置工程（当时叫"西水东调"工程）进行调研，第二天早上突发心梗，在水电二局医院离世的。每每提起这些往事，我们很伤感很悲痛。斯人已去，精神隽永，共事学习的场景仍历历在目，而教诲记忆犹新，深根于心。

坚守初心，让东深精神在事业发展中延续

伴随着东深供水工程的日臻完善，我的职业生涯也越走越坚实。我正在主持的国家重点工程项目——珠江三角洲水资源配置工程的设计研究工作是国务院要求加快推进的全国 172 项重大水利工程之一，也是《粤港澳大湾区发展规划纲要》要求加快推进的湾区超级工程。这个超级工程可以说是东深工程的"延续"。这项工程还是世界上输水压力最大、距离最长的盾构隧洞输水工程，输水线路全长 113 公里，总投资约 354 亿元。

针对输水线路穿越珠三角核心城市群、沿线人口众多、建筑密集、环境敏感等特点，我们经过长达数年的研究论证，提出采用地下 40～60 米深层隧洞输水的解决方案，以"少征地、少拆迁、少扰民"的建设方式，最大限度保护工程沿线的生态环境，被业界誉为"把方便留给他人，把资源留给后代，把困难留给自己"。在 2019 年 5 月 6 日工程全面开工动员大会上，该工程得到水利部和广东省有关

领导的充分肯定。

工程建设中，工程沿线需要穿越村居 61 处、铁路或地铁 12 处、高速公路或城市快速路 23 处、宽达 100 米以上河流 16 处，要在珠三角如此复杂的地形、地质条件，以及湾区核心城区敏感区的环境条件下，建造如此长距离、大规模的压力输水盾构隧洞工程，这在我国乃至世界水利史上均属罕见。

这项世界上输水压力最高、盾构隧洞最长的调水工程，其最大特点、难点就在于"深埋＋盾构隧洞＋压力输水"。国内外已建的压力输水盾构隧洞工程案例较少，且输水压力较低，最高不超过 0.6 兆帕。该工程盾构隧洞输水压力高达 1.5 兆帕，既缺少设计和施工经验，更缺乏成熟的理论支撑，工程设计和施工都遇到了前所未有的挑战。

为破解这一系列难题，由设计部门牵头，与国内专业机构及著名高校联合，组成科研团队，开展深埋高压输水盾构隧洞建设系列关键技术课题研究，为高内压盾构输水隧洞设计优化提供有力的技术支撑。

此外，工程建设还面临长距离跨海隧洞施工安全、大直径钢管防腐和制作安装、宽扬程变幅大流量水泵开发、深埋管道检修等多项技术难题。设计团队努力按计划推进相关课题的联合攻关，以进一步优化工程设计，改进施工工艺，为把珠三角水资源配置工程建设成为新时代生态智慧水利工程而努力。

这个挑战多项世界难题的工程建成后，可实现东、西江水资源的联合优化调度，为香港乃至粤港澳大湾区供水安全提供双重保障。

从起初的助理工程师开始承担雁田隧洞的施工图设计，到后来东江太园抽水站的建设，再到东深供水改造工程，每一项水利工程之间都像是一种延续，不断升级；每一次工作的改变与身份的变换，都是一次又一次成长，不断提升。但自始至终做好水利设计的初心从未改变，以东深供水工程建设者为代表的水利精神一直贯穿在我的职业生涯之中。

口述者为当年参与东深供水第三期扩建、太园泵站、生物硝化和改造工程建设的建设者，"时代楷模"东深供水工程建设者群体先进事迹报告会成员。

锲而不舍

追求卓越

2021.2.2

从建设到运行，
安全稳定输水是最大的责任

◆口述者：邝明勇

　　我于1982年毕业于华中工学院，学的是继电保护及自动化专业。毕业后分配到广东省水利电力勘测设计院（以下简称"设计院"）工作，1999年调到广东省水利厅工作。

　　东深供水二期扩建工程建设（以下简称"二期扩建工程"，以此类推）和三期扩建工程时，我在设计院工作，期间有接触东深供水工程但不多，当时主要在做其他工程设计。

　　到水利厅后，我任职副总工程师，按职责，分管机电业务，广东水利方面比较大的工程我都要参与。

　　2000年，东深供水改造工程（以下简称"东改工程"）开工，这期间我参与了东改工程机电专业的全部主要技术管理工作。2002年初，按照工作安排，我去东莞塘厦工地现场工作，任东改工程建设总指挥部副总指

东深供水改造工程泵站安装。（广东粤港供水有限公司供图）

229

东深供水工程金湖泵站机组。（邹锦华 摄）

挥。我在工地协助总指挥和常务副总指挥,主要分管机电方面的工作。

东改工程伊始,广东省水利厅就把"安全、优质、文明、高效的全国一流供水工程"作为工程建设的总目标。这个目标也让当时全体工程建设者都面临着很大的压力。

因为有了这个"一流"的目标,所以工程建设还是挺不容易的。一方面,这个工程涉及沿线群众和香港同胞的饮水问题,以后安全稳定运行要有保障。另一方面,要在预定的工期内高质量建设好,对工程技术的要求很高,技术人员压力很大。

我负责的机电专业,包括抽水泵站建设和工程全线自动化监控建设。当时,我国改革开放已有20多年,工程技术水平有了很大的提高,一些先进的技术用于工程建设,提高了工程运行的现代化水平。

既然明确了"一流"的目标,那么东改工程在科技的应用上也应该是一流的。因此,我们就需要在全国乃至世界范围内选择优秀

的企业、领先的技术、过
硬的产品，合作方一定是
这些方面都具备的。

　　尤其是全线自动化监
控，它是一个综合系统，
在当时是一个难度比较大
的系统工程。首要问题是，
我们如何了解世界上先进
的技术，并将它成功应用
到东改工程上。为此，我
们下了很大工夫，对国内
相关领域进行了广泛了解
和深入研究，并在世界范
围内进行了重点考察，针
对可能存在的问题进行研

东深供水工程旗岭泵站机组。（口述者供图）

判，在总指挥部内部和项目中标单位进行反复讨论。通过扎实的技
术储备工作，工程建设总指挥部确定了一些主要的解决方案后再实
施，对此，我们充满信心。

　　无论是机械设备，还是全线监控系统，我认为东改工程当时在
全国都是做得最好的，实现了"一流"的目标。

　　2003年5月，东改工程完工前夕，我因为另有工作提前离开工地。
2003年6月28日，东改工程全线正式通水。

　　在东改工程工地的这段时间，对我来说是一段充满激情、值得
铭记的岁月。参建这项工程，不仅我自己感到自豪，家人也为我骄傲。

　　东改工程于2003年投入运行之后，工程重点转为以运行维护为

主。这期间主要是广东粤港供水有限公司在负责运行管理，我们主要承担工程扫尾和工程验收工作，此外就是工程运行过程中还有很多问题和困难需要解决。

我回水利厅机关工作这几年，与东深供水工程直接有关的，就是我们现在还有一个粤港双方运行合作机制。我是粤港供水运行管理技术合作小组粤方组长，开展对港协调工作，解决一些运行期间的事情和问题。

东深供水工程太园泵站机组。（邹锦华 摄）

东改工程从投入运行到现在已 18 年，一直运行正常。这对工程建设和运行管理来说是一个检验。这么多设施、设备没有出什么大问题，是非常不容易的。实践证明，东改工程质量是很好的，作为工程参与者，我很高兴，很有成就感。

对香港的供水是一个长期的任务，我希望东深供水工程能够高效、安全、稳定运行，持续输水，造福沿线地区和香港同胞，这是这项工程的使命，也是我们水利人的责任。

口述者为当年参与东深供水改造工程建设的建设者，广东省水利厅原总工程师。

东改工程
—— 一个近乎完美的工程

◆口述者：李杰夫

　　1978 年我从华中工学院毕业后，分配到广东省水利电力勘测设计院机电室工作。在设计院工作期间，我主要参加了白垢电站的设计和设代工作。这个电站的机组是我们国家自行设计、制造和安装的第一台大型贯流式机组。

舍小家为大家

　　1985 年，我调入广东省水利电力厅工作。2000 年开始，我参加了东深供水改造工程（以下简称"东改工程"）建设，任东改工程建设总指挥部副总指挥，分管计划财务部、征地部，以及对香港和粤海集团的联系，负责合同管理、工程筹资、工程预决算、工程投资控制和对香港特区政府及粤海集团的联络。直到 2006 年全部工程完工后我才返回省水利厅。

　　由于粤海集团重组的原因，东改工程建设总指挥部曾多次组建。后来，广东省政府决定由广东省水利厅来建设这个项目。可以说，当时参与东改工程建设的同志都有一种高度的责任感，始终把工程建设放在第一位，为国家尽职、为香港同胞作贡献的家国情怀在他们身上体现得淋漓尽致。被抽调到指挥部的同志，无论是厅本部还是下属单位，我没听说有谁不同意去工地的，只要被点到名，都是非常爽快地说好。有些同志还是自己主动向组织提出到指挥部来参加东改工程建设。在工地的头尾 7 年中，很多同志都碰到不少的困难，但他们始终以大局为重，以项目建设为重。例如，周德蛟同志，在工程建设期间，他的孩子正处于青春叛逆期，母女之间矛盾较多，家里希望他能尽快回去，但他还是顶住家庭的压力，依然选择留在工地，直到 2006 年把工程所有的工作做完才回到广州；还有吴子洁，她是两进"东改"。他们为了东改工程，可以说是舍小家为大家。

建立投资控制组织体系

进驻指挥部后，我主要开展了两个方面的工作：一是与原有指挥部交接，同时建立与粤海集团和香港特别行政区政府水务署的联络机制；二是逐步开展资金筹措、投资安排、征地移民等工作。2000 年转企改制，广东省政府决定将东深供水工程纳入粤海集团，并要求广东省水利厅以代业主和总承包的形式，全面负责实施东改工程项目的工程建设任务。为此，指挥部在经过参观学习三峡工程、小浪底工程、大亚湾核电站等国家大型工程建设经验后，根据东改工程的特点，确定了建设"安全、优质、文明、高效的全国一流供水工程"总目标，并围绕这个总目标，提出质量、安全、进度、投资控制和廉政建设的具体目标。

我作为东改工程的资金筹措和投资控制具体负责人，在资金安排上，主要考虑了几方面的原则：

（1）根据工程的实施计划，编制好资金筹资与使用计划。严格按照批准的概算项目和投资总额安排资金。

（2）协调好香港特别行政区政府预付款和粤海集团自筹资金按使用计划同步到位。

东深供水工程金湖泵站。（邹锦华 摄）

（3）根据资金来源的特点、资金支付量及时间的要求，尽量做到均衡、连续地安排资金支付计划，并保留适当的余额，以便适应对施工计划的变化。

在投资控制上，指挥部建立了由计划财务部牵头，征地部、工程设计部、机电部、材料部、设计单位和监理机构共同组成的投资控制组织体系，明确了各参建部门的投资控制职责，对影响投资控制的各种因素进行协调和有效监控，从而使各部门转变了单方面追求工程技术高指标的观念，增强了主动对工程投资进行控制的责任感，强化了各单项工程的成本核算，确保了概算的全面控制，形成了"以资金管理为主线，以合同管理为依据，以竣工决算为导向，以常年审计为监督，以控制概算为目的"的投资控制机制。实践证明，东改工程在探索大型水利工程建设资金管理控制的做法是可行和有效的。

征地拆迁补偿费直接支付物权人

东改工程永久占地面积是 2853.8 亩。其中，主体工程永久占地为 2537.9 亩；新增永久征地约 1900 亩，临时征地 4156.58 亩。此次新征地涉及 3000 户居民，迁移人口 241 人，拆迁房面积 36256.33 平方米，征地、拆迁补偿设计总概算为 5.6 亿元。征地移民及拆迁工作历来是水利工程建设的难点，涉及面广，情况复杂。在拆迁问题上，我们认为既要符合国家有关规定，满足工程建设的需要，也要注意到群众的利益问题。土地是农民谋生的重要资源，在珠三角的东莞，更是寸土寸金。因此，东改工程吸取以往水利工程征地的历史经验和教训，从被征地拆迁的物权人和移民的切身利益出发，完善征地拆迁（移民）费用确定过程，以及征地拆迁（移民）款项管理和支付途径。本着实事求是原则，确认补偿费用；采用透明、

东深供水改造工程莲湖泵站。（广东粤港供水有限公司供图）

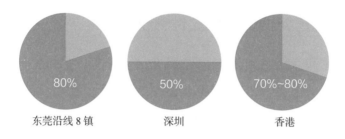

东深供水工程市场占有率。数据统计至 2021 年。（数据来源：广东粤港供水有限公司）

直接的补偿机制，将征地拆迁补偿经费直接支付物权人。保证征地拆迁费不被占用、挪用和层层克扣，维护物权人的合法权益。为此，指挥部制定了三项征地拆迁补偿原则：

（1）实事求是确认实物指标。实物指标就是被征用土地上拥有的建筑物以及各类青苗。这些实物指标的确认与物权人的利益紧密相关。指挥部本着实事求是的原则，严格按照《中华人民共和国土地管理法》的要求，组成由物权人、村委会、国土管理部门、征地移民监理和指挥部人员参加的工作组，一起在现场对实物指标逐项清点、丈量、登记后，一起签字确认。

（2）统一征地拆迁补偿标准。东改工程路线长、涉及村镇多，如果征地补偿标准不统一，则征地工作将无法开展。东改工程总指挥部会同东莞市国土管理部门经过多次调查，并与沿线各个镇进行协商，统一确定了一个征地拆迁补偿标准，并以政府文件的形式发到各个村委会。

（3）补偿费用直接支付。根据调查分析确定的实物指标和补偿标准，计算补偿费用。补偿费用经物权人、村委会、镇政府、征地拆迁监理、国土管理部门、东改工程总指挥部共同确认后，补偿费用由东改工程总指挥部通过指定银行直接支付给物权人。

根据征地拆迁工作量大、过程繁琐而东改工程总指挥部人员有限的实际情况,我们委托粤源咨询公司对征地拆迁(移民)进行监理,从而确保征地拆迁工作能够客观、公正、公平和有效地维护国家、集体、物权人的合法权益。

采用征地拆迁补偿经费直接支付给物权人和引入征地移民监理的做法,其成效主要体现在以下几个方面:

(1)降低征地费用,尤其是临时用地费用。开创了广东省大型水利工程征地费用没有突破投资概算的先例。

(2)维护了物权人的合法权益。由于是直接支付,没有中间环节,补偿资金准确无误并及时到位,物权人的合法权益得到充分保障。

(3)取信于民。由于管理方法高效,程序规范,又有征地监理作为中间人,保证了征地拆迁补偿做到公开、公正、准确、合法,避免了物权人猜疑,取得了群众的信任。

(4)提高了项目管理水平。由于实际操作中物权关系明晰,项目资金的性质、用途去向清楚,杜绝了补偿经费使用方向不明、额度不准和弄虚作假的现象。

(5)把矛盾直接化解在现场。在征地过程中,由于直接面对的是物权人,在确权的过程中已将有关争议和矛盾通过面对面的方式协调解决了,再加上补偿资金是通过银行直接支付,一步到位。因此,东改工程没有发生一例因征地拆迁补偿而上访的事件。

东改工程取得今天的成绩,除了工程建设者(包括他们的家属)的辛勤付出和无私奉献外,离不开从中央到地方各级党委政府和领导的高度重视,同时也要特别感谢香港特别行政区政府的大力支持。

如果用一句话来概括或者评价东改工程的话,我想引用潘家铮院士在东改工程建设技术与管理科技成果鉴定会上讲的一句话:"东改工程近乎完美"。东改工程获得广东省 2003 年度科学技术奖特等奖、2004 年度鲁班奖、2005 年度詹天佑土木工程大奖及 2009 年新中国成立 60 周年"百项经典暨精品工程"等奖项，同时，还被广东省委、省政府，水利部分别授予"模范工程建设指挥部""模范建设工程""先进集体"等光荣称号。作为一名水利工作者，我为我曾经参与这个项目的建设而感到骄傲和自豪。

口述者为当年参与东深供水改造工程建设的建设者，广东省水利厅原副巡视员。

向所有为东深供水改造工程
作出贡献的单位和个人表示
衷心感谢！

李杰夫 2021.5.8日

我有幸见证了
东深供水改造工程的诞生

◆口述者：麦成章（香港）

　　1998年粤港双方签订协议，港方以预付水费方式协助粤方兴建东深供水工程专用管道（以下简称"东深供水改造工程"），以达到清污分流，确保东江水水质。双方根据协议成立"设计及施工技术联络小组"，以便协商落实专用管道项目。我当时是香港水务署一名高级工程师，有幸成为港方小组的其中一员，见证了专用管道的诞生。

　　还记得1998年联络小组第一次会议在广东清远市举行，并参观了飞来峡水利工程。这次公干对我来说真是眼界大开，也非常佩服国家在水利工程方面的能力和成就。粤港两地在水利工程方面的标准不一样，审批程序和施工监理方式也不同，通过联络小组每半年一次会议和实地考察，我了解到国家的技术标准和工艺要求上绝不逊于香港所采用的英标或国际标准水平。粤方代表的专业水平亦相当高，尤其是组长茹建辉总工程师，对港方提出的所有技术性问题都能够提供完满的答复。

　　东深供水改造工程于2000年动工，到2003年完成，只用了三年多的时间就建成一项每秒流量100立方米、长约60公里的调水工程，真是一个了不起的成就，我想这都是粤方各个单位众志成城的成果。这几年间亦见证了东深供水工程沿线城市的惊人发展速度。

金湖渡槽及泵站，是东深供水工程的至高点。（邹锦华 摄）

就以道路为例，1998年的时候，走的很多都是乡郊小路，到后期走的多是高速公路。

　　在我的工作生涯当中，东江供水给香港占了很大的比重。完成了"设计及施工技术联络小组"工作后，我在2008年参加了"技术运行联络小组"及东江水供港相关协议的磋商，及以后在香港发展局工作也参与东江水供港的相关工作。较难忘的算是2015年筹办东江水供港50周年纪念活动和2017年安排特区立法会议员参观东江和东深供水工程。50周年纪念活动规模盛大，由特区行政长官主持并邀请了水利部部长、广东省省长等百余名嘉宾出席。另外，十多名立法会议员（包括泛民议员）参观东江可算是史无前例。有赖粤港双方多年合作建立的良好互信关系，两项活动都取得圆满成功。

　　我相信东江水将会继续支撑香港的繁荣发展，亦会维系着粤港两地的友谊。

口述者为香港发展局副秘书长。

承先啟後
延續粵港兩地情

麥成章

在历史丰碑的铸就中
尽自己的一份绵薄之力

◆口述者：曾金鸿

东深供水，关系到"一国两制"基本国策的落实，关系到香港的繁荣稳定。东深供水是"生命水、政治水、经济水"。解读香港繁荣之历程，无一不凝聚着党中央对香港同胞的深情呵护，无一不体现着东深供水工程建设者对香港供水的巨大贡献。

东深供水工程自 1965 年建成投入运行以来，进行了三次扩建和一次改造。我参加了东深供水第三期扩建工程及改造工程。在 30 多年的职业生涯中，参建东深供水工程，令我倍感荣幸和自豪。这段工作经历是我人生中最宝贵的财富和最珍贵的记忆。

在应对雁田隧洞施工塌方难题中坚定职业理想

1990 年 11 月，东深供水第三期扩建工程雁田隧洞 1 号洞、2 号洞工程建设进入紧张的施工阶段。根据工作安排，我进驻工地现场，担任该项目现场技术负责人。

雁田隧洞是东深供水第三期扩建工程的关键工程。隧洞总长 6422 米，成洞过水断面为 5.6 米 ×7.0 米，最大设计过水能力 73.3 立方米每秒。隧洞沿线地质存在冲沟、裂隙、溶洞等，极为复杂。隧洞靠近雁田水库，地下水充沛，是一条典型的浅埋式隧洞，施工难度很大。在雁田隧洞施工中，由于各种各样的原因，发生大小塌方近百次，其中较大塌方 21 次，通天（穿顶）塌方 10 次，其中主洞 8 次、1 号支洞 2 次。我参加了 2 次通天塌方、多次大小塌方的处理。

当时，因复杂恶劣的地质条件，致使常规的喷锚支护方法效果甚微，隧洞开挖施工步履维艰。为确保如期完成工程建设，我和工友们，与设计人员一起认真反复研究，针对特殊的地质条件，因地制宜科学制订塌方处理方案。我们分别采用超前锚杆、锚喷支护与钢拱架联合支护等方式积极应对，做到稳扎稳打，步步为营，加强量测，确保安全。

令我难忘的是，1991 年 6 月下旬，受连续几天强降雨影响，1 号支洞岩土含水量剧增，达到饱和状态，致使一处山体于 6 月 28 日发生通天大塌方，塌方体约 3000 立方米。在这危急时刻，我没有退缩，和工友们坚守在塌方现场，认真研究塌方处置方案，组织和指挥抢险。困了，我们在工地的木板上睡一会儿；饿了，我们啃两口馒头。经过连续奋战，最终排除了险情，保住了工期，实现隧洞开挖施工安全优质高效完成的工作目标。

伴随着工程建设进度的不断推进，我的思想觉悟、业务水平和工作能力也同步得到提升。我积极向党组织靠拢，主动提出入党申请，并于 1992 年 4 月光荣加入中国共产党。参与东深供水工程是我人生成长的重要里程碑，坚定了我终身从事水利工作的信念。

在保障对港供水质与量的建设中去实现人生价值

2000 年 5 月，我接到调令，来到东深供水改造工程（以下简称"东改工程"）建设总指挥部。经历东深供水第三期扩建工程建设，我深知东改工程建设将面临工程线路长、项目类型多、地质条件复杂、技术难度大等一系列的难题。面对艰巨的任务，我没有丝毫畏惧，而是倍感责任重大、使命光荣，马上投入东改工程建设。

我来到工程建设总指挥部时，任工程部部长、现场总调度中心办公室主任，这既是一项全新的工作，又是一项重大的挑战和考验。为此，我和工友们团结协作想办法，攻坚克难求突破，用创新思维、创新举措去解决工程建设中的管理难题和技术难题。

为了解决工程建设中碰到的难题，广东省水利厅和工程建设总指挥部带领团队开展"北学三峡、南学核电"调研，学习经验；立足工程实际，工程建设总指挥部明确了建设"安全、优质、文明、高效的全国一流供水工程"的总目标，提出了"五个一流"，即"一流的管理、一流的设计、一流的施工、一流的监理、一流的材料设备供应"的工作要求，同时确定了质量、安全、进度、文明施工的具体目标。

围绕总目标，我和工程部的同事们不分昼夜，通宵达旦地制定质量、安全、进度、文明施工等相关制度。记得有一次我连续多日发高烧，同事们都劝我住院治疗，但都被我一一婉拒了，我说："战斗刚刚打响，大量的工作、大量的工程管理制度需要我们工程部研究制定，绝不能当逃兵，吃点药没事的。"当时，我们工程部的一位同事也生病了，另有一位同事小孩生病住院，但大家都克服个人困难，顾全大局，坚守岗位。经过多次热烈讨论、征求意见、反复修改，提前完成制定工程建设管理制度，从而使各项工作有章可循，做到以制度管人、管工程，向管理要质量、要效益，使每项工作都达到了预期目标。

2002年8月8日，是我无法释怀的日子。当时正值工程建设高潮，我和工程部、总工室、指挥分部、监理、设计以及施工单位有关人员正在一起研究解决施工技术难题。突然接到远在老家的父亲

东深供水改造工程旗岭渡槽施工。（广东省水利厅供图）

去世的噩耗，在旁的同事听到电话的大概内容，都劝我马上回老家。但我心想，工程任务如此繁重，施工难题还没有攻克，不能因为个人原因而影响工程建设。我忍下心中的悲痛，继续和大家攻坚克难，直至解决了现场施工难题，待工程顺利施工时，才向指挥部申请假期，回家奔丧。

作为一名水利人，我们坚守着对水利事业的执著和追求，面对工作，舍小家顾大家，无怨无悔，积极投身祖国水利事业，去彰显人生价值。

在破解工程建设管理与技术难题中成就人生最珍贵的记忆

东改工程建设时期，是全体建设者激情燃烧的难忘岁月。我印象较深的有两件事：

第一件事，创造了渡槽滴水不漏的神话。

东改工程采用了当时世界上最大的现浇预应力混凝土 U 形薄壳渡槽，槽身内宽 × 高为 7.0 米 × 5.4 米，槽壁厚却只有 30 厘米。其技术复杂、科技含量高、施工难度大，要求"一流"标准，面对种种难题考验，我和工程部的工友们怀着建造全国一流供水工程的历

东深供水改造工程旗岭渡槽横跨河流与公路，施工难度很大。（广东粤港供水有限公司供图）

史使命感，发扬水利人吃苦耐劳、求真务实、敢于拼搏、勇于创新的优良作风，下定决心要打赢这场硬仗。

本着对工作认真负责、严格科学的态度，我们的日程安排得满满的，白天在工地忙碌，晚上处理大量的内务工作。我有时一天几次深入工地，与总工室、指挥分部、设代、监理、施工人员进行渡槽1:1原型试验，在试验现场一蹲就是几个小时，及时解决U形薄壳渡槽施工中遇到的各种难题。通过大家的共同努力，攻克了一道道技术难关，取得了突破性的成绩：

一是解决了现浇混凝土U形薄壳渡槽施工容易出现裂痕的难点问题。通过深入研究和反复试验，在槽壁内部采用无黏结钢绞线，给渡槽壁预先加一个与水压相当、方向相反的预应力，在通水时可达到与水压相平衡的目的，从而使渡槽在运行时平衡稳定。

二是解决了现浇混凝土U形薄壳渡槽施工中常规使用的振捣器的振捣棒与U形薄壳渡槽的弧度不匹配的问题。经过施工现场反复研究，我们认为缩短振捣棒，有利于渡槽施工，保证质量。于是联系了振捣器生产厂家，请求厂家按渡槽施工的特殊要求对振捣器进行改进。厂家最终同意将长50厘米的常规振捣棒改成20厘米。改良后的振捣棒既能适应U形薄壳渡槽的弧度，灵活地操作；又能深入到常规振捣棒不能到达的地方，把混凝土振捣均匀，确保了渡槽施工质量。

三是创新运用了槽身外模"大块钢结构模板"先进技术。这一技术的运用使U形薄壳渡槽槽身外壳的平整度得到了保证。

由于大家共同努力、攻坚克难，东改工程建设有效解决了水利工程建设史上"十槽九漏"的问题，创造了大型薄壳渡槽滴水不漏的神话。我为自己能参加东改工程建设，见证这个神话的诞生而倍感自豪。

第二件事，社会主义劳动竞赛为工程优质高效建设赋予极大的正能量。

东改工程线路长、任务重。全国各地中标参建单位有46家之多，如何把那么多单位组织协调好，是保障工程质量的关键。工程建设总指挥部通过开展社会主义劳动竞赛，使"各路诸侯"成为有机统一体，千军万马变成"一支枪"，把"你要我做好"变为"我要做好"的自觉行动，充分激活各单位的内生动力，使其迸发出无穷的力量。

工程建设总指挥部根据工程特点和阶段工期目标，做到季季有评比、半年有小结、周年有大评和总结、工程结束有总评。针对工程质量与安全、施工单位与个人等情况，分别设奖并评奖。采取梯度递进的激励机制，制定了质量优秀奖、质量特别优秀奖、安全文明奖、里程碑达标奖、优秀单位（优秀设计、监理、土建施工、材料供应、机电供货和安装单位）、"十杰"工作者和先进工作者等，共计7大类27项责任目标评奖办法，形成争创一流的管理、一流的设计、一流的施工、一流的监理、一流的材料设备供应的全面创一流的劳动竞赛局面。

东改工程社会主义劳动竞赛的核心是质量和安全。根据工程建设总指挥部的工作安排，我积极带领工程部的同事们，认真做好劳动竞赛各环节的标准制定、评奖等工作。紧紧围绕"安全、优质、文明、高效的全国一流供水工程"建设总目标，提出了质量、安全的具体目标。"质量目标"就是单位工程质量合格率达100%、优良率90%以上，确保获得部优工程，争创国家鲁班奖；"安全目标"就是零事故，确保工程施工中不发生一例安全责任死亡事故。

为了搞好社会主义劳动竞赛，我们着力做好以下几点：一是注重自身综合素质的提高；二是加强对参建各方的政治思想教育，积极反复宣讲东改工程的重要意义、大家肩上承担的义务和责任；三是大力宣传开展社会主义劳动竞赛的宗旨、内容和目标，干得好坏对国家、工程和单位、个人产生的利弊得失，使参建人员提高认识、统一思想，为社会主义劳动竞赛的顺利开展奠定了重要的思想基础；四是扎实做好季度评比和半年小结、年度大评和工程总结等基础性工作。

东改工程不但是擂台，更是舞台。一场劳动竞赛激发了每个单位、每个人创先争优的内生动力，无论是工程建设总指挥部，还是施工、监理单位，每个人都想千方百计把工程做好，最终成就了东改工程卓越的质量与管理。在劳动竞赛中被评为优胜者，夺来"流动红旗"，项目经理、施工企业可谓名利双收，赢得了进军广东的信誉。劳动竞赛与市场经济的有机结合，不仅促进了东改工程建成为"安全、优质、文明、高效的全国一流供水工程"，而且改善了业主与监理、施工单位的关系，由以前的"要我干好"变为如今的"我要干好"。这种劳动竞赛，成为每个建设者争创一流的强烈愿望和价值追求。香港水务署官员来工地参观时感慨万千："想不到工程进度这么快，想不到业主与监理、施工单位关系这么融洽，想不到业主与群众关系这么好。这种情况在香港是看不到的。"

通过劳动竞赛，东改工程充分证明了没有最好只有更好。虽然东改工程建成到现在已过去 18 年，但工地上热火朝天的劳动竞赛场面仍不时在我脑海里浮现，难以忘怀。

2002 年，我通过劳动竞赛评比，荣获了东改工程"十杰"工作者的光荣称号。说实话，我只是 7000 多名建设者中的普通一员，其他同志都非常优秀，也作出了很大贡献。

中央政府对香港的深情关怀，以及全体工程建设者的使命担当成就一座历史丰碑

党中央十分关心香港同胞民生福祉，高度重视东深供水工程和对港供水工作。东改工程建设期间，中央和广东省、香港特别行政区等各级领导多次到东改工程建设工地视察和指导，对这项粤港瞩目的工程表示极大的关注，要求把东改工程建成优质、安全、高效、文明的一流工程，使东深供水的水质更有保障，从根本上解决香港的淡水供应问题，保证香港同胞喝上优质水。

东改工程能取得这样好的成绩，是广东省委、省政府高度重视，是广东省水利厅和建设总指挥部正确领导，是全省水利系统关心支持，是全体参建单位7000多名建设者团结拼搏、共同努力的结果。

能完成东改工程这一艰巨任务，我觉得最重要的因素主要有四个：一是优秀的参建队伍；二是工程建设者"勇挑重担、守土有责，团结奋斗、争创一流，善于管理、勇于创新，淡泊名利、干净干事"的东改精神；三是良好的建设管理机制；四是立足实际，勇于创新。

东改工程建设工期三年，最终提前两个月完成建设任务，单元工程验收合格率100%、优良率95%以上，分部工程优良率100%，单位工程优良率100%；科研攻关创下四项"世界之最"；未出现一例安全责任死亡事故。实现了"安全、优质、文明、高效的全国一流供水工程"的建设总目标。

此外，东改工程还获得鲁班奖、詹天佑土木工程大奖、中国水利工程优质（大禹）奖及新中国成立60周年"百项经典暨精品工程""广东省科学技术特等奖"等。广东省政府授予东改工程为"模

范建设工程"，水利部评选东改工程建设总指挥部为全国水利系统"先进集体"，广东省委、省政府授予东改工程建设总指挥部为"模范工程建设指挥部""广东省先进集体"等。

回顾工程的建设历程以及对港供水的巨大成就，东深供水工程无疑是一项千秋伟业，一座历史丰碑。

口述者为当年参与东深供水第三期扩建、改造工程建设的建设者。

铸造精品，细节决定成败

◆口述者：丁仕辉

　　太园泵站是东深供水工程位于东江边的第一级泵站，是解决东江河床下切影响东深供水工程取水问题而兴建的大型泵站，1998年建成。2000年建设东深供水改造工程（以下简称"东改工程"）时，保留太园泵站并作为东深供水工程的一部分一直使用至今。

　　1996年底，我从广东省水利水电第二工程局（以下简称"水电二局"）基础一工程公司调回水电二局总部担任副总工程师，兼任水电二局太园泵站项目部总工，参与太园泵站建设。

　　1998年太园泵站建成后，对港供水安全有了更好的保障。为进

东深供水改造工程——地下双埋管施工。（广东省水利厅供图）

一步提高对港供水水量水质，后来又建设专用渠道、箱涵、隧洞等一系列封闭供水系统工程，即东改工程。

2000年，东改工程全线开工后，水电二局专门设立了东改工程项目工程处，我担任总工程师，负责水电二局在东改工程所有项目的技术管理工作，主要是审查较大的技术方案、解决施工现场技术难题等。当时水电二局在东改工程中负责施工的有泵站、预应力U形薄壳渡槽、预应力圆涵（内圆外城门洞形）、隧洞等多个项目。工地分布在常平、金湖、横岗、深圳等地，我经常和技术组的同事们在各个工地之间来回穿梭，帮助解决项目上的技术难题。

科技攻关实现渡槽滴水不渗

我印象比较深的是现浇无黏结预应力混凝土U形薄壳渡槽的施工。这个渡槽当时在全世界是同类型最大的，施工上无先例可循，大家都没有这种U形渡槽的施工经验，而且在业界有个说法，"十槽九漏"，从工程处到项目部，大家压力都很大。如何才能造出滴水不漏、质量一流的U形薄壳渡槽，大家都陷入了沉思，但在沉思后达成共识，要开展一系列科技攻关，攻克渡槽施工关键技术，改写渡槽"十槽九漏"的历史，建设优质样板工程。

U形薄壳渡槽是薄壁结构，厚度仅30厘米，且结构内敷设两层钢筋和一层无黏结钢绞线，采用散模浇筑渡槽混凝土施工质量控制难度很大。为了保证渡槽施工质量，工程开始前我们根据U形渡槽混凝土施工的难点部位（弧形段）进行了多次混凝土施工工艺的试验，旨在解决混凝土浇筑施工中常见的外表面（弧形段）蜂窝麻面、挂帘和振捣不密实的问题。在混凝土施工工艺的试验中发现，混凝土施工时若布设附着式振捣器，易造成渡槽混凝土表面产生挂帘；

使用常规振捣棒振捣，施工极易被卡住振捣不到位，造成混凝土振捣不密实，出现蜂窝麻面。为了解决这个问题，我们想了很多办法，前后大概做了六七节次的改进试验，效果都不理想。后来我从肠镜检查仪器的改进中得到灵感：肠镜检查仪器通过改小改细，插入肠子中比以前容易，病人也没有以前那么痛苦。受到这个启发，我就跑到振捣棒生产厂家，请他们定制了20厘米长的专用振捣棒，比传统振捣棒（长50厘米）短了一半以上，并结合现场不断摸索、改进，最终解决了U形渡槽弧形部位混凝土无法振捣密实问题。在后续的采用散模浇筑渡槽混凝土施工中采用专用振捣棒进行振捣，基本就没再出现蜂窝麻面这种现象，为东改工程渡槽做到滴水不渗提供了质量保证。

渡槽施工按设计分节进行，每一节之间采用后装配式复合橡胶止水带止水，它的施工质量直接影响防渗效果。在进行橡胶止水带装配前，我们组织了一次专门的施工方案技术研讨会，从各方面分析、查找可能产生橡胶止水带渗漏的因素，从而制定完善的橡胶止水带装配施工方案。其中有一个关键细节需要特别处理：我们在装配橡胶止水带的凹槽处进行了防渗涂刷，消除凹槽处混凝土面的一些小气孔、微细裂纹以及附着在混凝土表面的粉尘，使得橡胶止水带能够与凹槽混凝土面完美贴合，保证了渡槽接缝滴水不漏。

随着工程进展，我们还对散模渡槽混凝土施工进行了不断的改进，其中一项专利技术——逐浇逐灌的模板，就是利用小面积滑块模板将大面积的曲面分割成小面积的平面，利于混凝土入仓的准确分层、振捣，利于气泡排出。所有这些技术改进措施作用在一起，最终达到了"滴水不漏、滴水不渗"的完美施工效果。

建设东改工程还有一个让我们引以自豪的事情，就是与国内一

东深供水改造工程太园泵站取水口。（邹锦华 摄）

造桥机厂家一道开发研制了造槽机，用于渡槽施工。

造槽机主要应用于渡槽的现浇施工，效率高并一次现浇成型，而且造槽机行走过跨、模板的启闭全部采用机械化操作，也无需再搭设承重排架，大大减轻了工人的劳动强度和施工风险。

造槽机的成功使用，为国内其他调水工程提供了宝贵的经验，得到了一定的社会效益。

加铺油毡纸解决大问题

还有一个印象比较深刻的案例就是解决预应力圆涵的裂缝问题。当时情况是这样的：在预应力圆涵施工的最先三节，我们现场检查发现，有两节 15 米长的预应力圆涵在中间部位有较长的一条裂缝，在长度方向 1/4、3/4 的位置处也各有两条小裂缝，另有一节 15 米长的预应力圆涵在中间部位有一条小裂缝，其他部位没有发现裂缝。为什么会出现如此有规律的裂缝？主要原因是什么？通过查找相关书籍和有关文献，认真分析和查找原因，比对大量已施工完成的无裂缝的薄壳渡槽后发现一个现象，单节渡槽施工完成后，渡槽两端原平整安装的橡胶支座均发生变形，且为相向变形，这说明了薄壳渡槽产生了一定的收缩。同理，预应力圆涵施工完成后同样也会产生一定的收缩，若收缩受阻预应力圆涵就会产生裂缝。再比对已施工的三节预应力圆涵发现：只有一条裂缝的预应力圆涵基础垫层水泥砂浆抹面较光滑平整，说明该节预应力圆涵受基础垫层约束小一些，故该节预应力圆涵产生的裂缝就少一些。因而判断预应力圆涵产生裂缝的主要原因是：圆涵结构混凝土施工完成后结构收缩受基础垫层约束所致。

查明原因后，我们就考虑如何将圆涵作为一个整体，在混凝土凝固收缩时不受约束，让各部位受力均匀。后来，我们采取了两点措施：一个是做好圆涵施工垫层的表面处理，把垫层尽量做得平滑；第二个就是在圆涵和垫层之间加铺油毡纸，将圆涵整体放在油毡纸上，确保圆涵变形时不受约束，保证了圆涵本体的完整性，这样就解决了圆涵收缩时受约束产生裂缝的问题。

铸造精品，细节决定成败。东改工程能在这么短时间内完成，工程质量做得这么好，我觉得与参建各方认真落实细节管理分不开：一个是各方协调配合得好，不管是设计、监理、施工，还是东改工程建设总指挥部，各个单位工作沟通很顺畅，各个环节配合很默契；第二个就是它有一个完善的激励机制，用"奖"和"惩"的手段，把施工质量、施工安全直接与工人个人利益挂钩，倒逼各个项目部和工人在确保质量、安全的前提下，加快施工进度，很好地完成工程建设任务。

　　口述者为当年参与东深供水太园泵站和改造工程建设的建设者。

追求卓越
细节决定成败.

丁仕辉
2021.3.16

让香港同胞不仅喝上水，
还要喝好水

◆口述者：苏光华

　　我和东深供水工程已结下了不解之缘。20世纪90年代初，我以设计人员身份参与东深供水第三期扩建工程建设；2000年，我以建设管理人员身份参加东深供水改造工程（以下简称"东改工程"）建设，在工地一待就是7个年头，先后在工程建设总指挥部计财部、材料部和办公室工作。

　　东改工程的开工建设，我个人认为有一个大的背景，就是香港刚刚回归。这个时候香港的发展对水质、水量提出了新的要求。在这个背景下，建设东深供水改造工程，责任重大，使命光荣。

　　香港历史上一直缺水。据我了解，当时香港受地理条件限制，淡水资源贫乏，自身山塘水库比较少，蓄水工程少，调节能力差。香港水不够用的话，首先就是要限制居民用水，其次是想办法从外地取水。香港紧挨着祖国内地，从内地取水比较方便。

　　在20世纪60年代香港缺水严重的时候，广东省同意香港派船到珠江口取淡水，用轮船运回香港。这种方式运送的水量肯定是不够的，代价也很大。后来，党中央下决心把水从内地引到香港去，从根本上解决香港的用水问题。1964年建设东深供水首期工程，后来根据香港发展需求进行了三次扩建和一次改造工程建设。

　　实际上，广东省自身水量也不足，但还是腾出来一部分水资源

供给香港同胞，毕竟香港与祖国内地骨肉相连，血浓于水，粤港两
地情深似海。

东深供水首期工程是 1964 年开工建设的。首期工程建设时，
我们国家面临的情况，以及拨付 3800 万元建设专款对国家意味着什
么？大家可想而知，20 世纪 60 年代，我们国家经济是比较落后的，
财政收入也不多，要一次性拿出 3800 万元资金这么庞大的数目，中
央政府是要下很大决心的。

东深供水首期工程建设的工期也很紧，要在一年内建成工程，
因为大旱，香港同胞等不及啊！面临这样艰巨的任务，工地的工作
条件和生活条件都很艰苦。当时的机械设备有限，机械化程度比较低，
基本上是采取"人海战术"。可以说，东深供水首期工程是靠肩挑
人扛干出来的。

那一年台风暴雨特别频繁，施工期间遇到的台风暴雨比较多，
还有地下水影响施工，当时的施工条件十分恶劣，不过这些困难也

金湖泵站。东深供水改造工程建成后，金湖泵站成为东深供水工程最高点。（邹锦华 摄）

东深供水改造工程 U 形薄壁渡槽施工现场。(广东粤港供水有限公司供图)

压不垮建设者坚定的信心，最终工程如期完工、如期供水。

从我的认识来讲，三次扩建都是为解决对港供水的水量问题。随着香港经济社会的发展，用水需求不断扩大，原有的供水能力不能满足需求，根据港方的请求，经过双方协商，先后进行过三次扩建，使对港年供水能力从最初的 6820 万立方米提升到 11 亿立方米。

东改工程主要是为了提升对港供水水质。改革开放以来，随着石马河沿线经济社会迅速发展，人员不断增加，工厂众多，带来的环境污染问题影响对港供水质量。为解决这个问题，国家、省委省政府果断决策，及时上马东改工程，通过建设专用的输水管道，实行封闭式管理，实现清污分流，确保对港供水的水质。

在东改工程建设总指挥部工作的几年时间，是我一生中最为难忘的一段经历。当时整个建设团队工作氛围很好，工程总指挥部团队作为工程建设的领航者、领头羊，确立建设目标，制定管理相关制度，负起责任，带好班。所有参建单位都非常努力，大家一条心，为了一个共同目标，努力奋斗。

　　东改工程从建设开始就提出了要建设"安全、优质、文明、高效的全国一流供水工程"的目标。总指挥部在质量、进度、安全管控等每个方面都提出了很高的要求，形成制度，创新是东改工程的一大特点。

　　在管理方面，总指挥部通过建立健全各项管理制度，制定安全、质量、文明施工等竞争激励、奖励机制，定期组织开展由各参建单位参与的现场检查、评议、评比、总结、表彰等活动，使工程建设形成了"比学赶帮超"的良好氛围，先进帮后进、后进学先进是东改工程建设团队的一大特色。在技术方面，由于施工工期短，建筑物结构类型多，几乎涵盖所有水工建筑物类型，同时地质条件复杂，需穿越多段繁忙交通要道，需攻关解决多项技术难题。总指挥部通过工程设计创新和施工技术创新，勇于实践探索，成功解决了多项技术难题。像大型 U 形薄壁渡槽，是当时世界上同类型最大的现浇无黏结预应力混凝土 U 形薄壁渡槽，输水流量达 90 立方米每秒，最薄槽壁厚仅有 30 厘米，施工技术要求高，施工难度特别大，但最后都完美实现了目标。

　　确保对港供水安全，不仅仅是采取必要的工程措施，广东省在水源的保护上也下了很大工夫。在东江进入广东境内的第一个区域——河源市，拒绝污染水源的企业进驻，为此付出了很大的经济代价。对东江水资源的保护，粤港两地合作良好，经常在河源开展水质保护的宣传活动，也有一些工程措施。香港也会援建一些项目，参与东江水源的保护工作。

　　粤港两地还成立了一个技术专责委员会，每年都会到东江沿线去实地考察检查，了解水源保护及水质情况。当地政府也会举办一些水资源保护宣传活动，呼吁大家保护东江水质。政府层面对东江

东深供水工程纪念园的"生命之源"雕塑，寓意东深供水是"生命水"。（邹锦华 摄）

沿线出台了一些引导性的发展政策，营造一个绿色发展的环境。

经 7000 多名建设者 1000 多个日夜连续奋战，最终实现了把东改工程建设成为"安全、优质、文明、高效的全国一流供水工程"，全线单元工程合格率 100%，优良率达 95% 以上。据统计，东改工程共获得国家级奖项 7 个、省级奖项 6 个，得到国家、社会各界以及香港同胞的高度认可。

通过东改工程，我觉得，广东水利人对水利工程建设的认知发生了根本性的改变：工程建设不再仅仅是追求工程本身的内部质量，还开始注重工程的外观形象、环境绿化以及与外界环境的融合等。东改工程建成后已成为沿线一道亮丽的风景线。

我认为，科学管理、团结协作是东改工程建设的核心要领。工程建设初期，总指挥部以建立健全各项管理制度为重点，为工程建设定规则、指方向；工程进入全面施工后，总指挥部以监督落实、服务全局为重点，切实为工程建设服务，为东改工程参建单位乃至参建者排忧解难，使"东改人"管者顺心、干者开心。

东改工程建设者群体是一个团结协作、奋斗拼搏的群体，通过磨砺，铸造"东改情怀"。建设者们都喜欢放声歌唱同一首歌《为了谁》："泥巴裹满裤腿，汗水湿透衣背"，这正是建设者们奋斗拼搏场景的真实写照；"我不知道你是谁"，因为他们都是来自全国各地、五湖四海，是为了一个共同目标走到一起；"我却知道你为了谁"，大家都知道"你"是为了700多万香港同胞不但能喝上水，而且要喝上干净放心的好水。

口述者为当年参与东深供水改造工程建设的建设者。

职业生涯中最美好的时光
留在东深

◆口述者：曾令安

我1983年考入广东省水利电力学校（现广东水利电力职业技术学院），填报了水利工程建筑专业，1986年毕业后分配到广东省水利水电第二工程局工作。

在水利职业生涯的关键期，我先后两次参与了东深供水工程建设。1990年4月到1992年10月，我参加了东深供水三期扩建工程（以下简称"三期扩建工程"）建设，参与沙岭、竹塘两个抽水泵站的施工全过程，主要负责现场技术工作。2000年8月到2003年8月，我又参加了东深供水改造工程（以下简称"东改工程"），担任工程B-I标段项目经理，负责协调组织整个标段的施工。这两个时段共约5年时间，是我30多年的职业生涯中最重要的一段经历，也是最难忘的一段时光。

尤其是参加东改工程建设，担任B-I标段项目经理，从进场准备，组织人员、设备、材料，到现场施工以及开展完工验收、结算，负责整个标段的工作。

攻克施工难题，建造完美工程

2000年8月，按照公司安排，我将参加东改工程建设，并担任公司承接的B-I标段项目经理，全面负责这个标段的施工任务，从进场准备到施工，组织人员、设备、材料、技术等全过程，最终到组织完工验收、结算等全部工作。该标段投资1.3亿元，其工作量大、施工难度大、技术含量高、结构复杂、要求高。此前我从未接触过预应力薄壁结构渡槽的施工，压力的确很大。但组织信任我，让我放手大胆地担起这个重任，我也不能辜负组织的信任，同时也为了让自己有锻炼、提升自己能力的机会，我愉快地接受了这个艰巨的任务，决心尽自己最大的努力去建设好这个项目。

B-I标段主要负责建设一公里长的U形薄壁渡槽——旗岭渡槽和一座大型抽水泵站——旗岭泵站。旗岭渡槽是东深供水改造工程的标志性形象工程，施工难度大，结构复杂，尤其是1公里长的U形薄壁渡槽。其双向预应力结构技术，被誉为世界上无先例可循的薄壁预应力薄槽施工技术。在担任项目经理时，我组织项目班子成员精心组织施工、材料、设备等，克服困难，钻研施工技术，从施工项目的布置、施工组织、施工工艺的控制等方面力求科学，从钢筋、模板、混凝土浇筑、预应力张拉等工艺上严把质量关，按设计及施工规范要求，按东改工程总指挥部提出的"安全、优质、文明、高效的全国一流供水工程"要求，保质保量完成标段的施工任务。

在旗岭渡槽施工过程中，遇到许多困难，还有一些之前从未遇到过的技术难题。面对这些困难，我只有一个想法：作为项目负责人、带头人，决不能退缩，要大胆地接触，积极想办法解决才行。首先自己在思想上重视它，坚定有困难就要解决的不服输的思想；在行动上认真对待，组织工程技术人员积极进行技术钻研、技术攻关。从各个施工环节、施工工艺、施工流程上发现问题，提出创新方法来解决。

以旗岭渡槽为例。渡槽为U形薄壁结构，壁厚只有30厘米，

东深供水改造工程现浇预应力混凝土 U 形薄壳渡槽。（广东省水利厅供图）

里面布置有双层钢筋，有一层预应力钢绞线，空隙小，混凝土骨料进仓难，浇筑难度大。而渡槽壁有 6 米多高，混凝土需要一次浇筑完成，稍有闪失，薄壁就容易出现蜂窝麻面，到时渡槽就会出现漏水等质量问题，因此施工工艺处理难度大。对于这个难题，我组织技术人员认真钻研，反复思考，进行技术攻关，采用多种方案进行研究比较，最后选定对 U 形渡槽模板采用定制加工成型整大块钢模板的方式。安装模板时先吊装外模板，再绑扎钢筋、钢绞线，之后再吊装内模板，固定后再在内模板底部及中间开天窗的工艺，在浇筑混凝土时采用细骨料的方式。这样就很好地解决了混凝土进仓难的问题，最后取得了渡槽做好后滴水不渗的效果。

在施工过程中，一个又一个难题不断出现。在渡槽施工期间，渡槽模板装好后，准备浇筑混凝土时，又出现了问题。因为渡槽有 6 米多高，底部是凹槽的，这部分混凝土进仓后，用现有 50 厘米长的振捣棒，很难插进底部振捣混凝土。如果振捣不密实，混凝土很容易漏水。面对这个困难，我们想了很多办法，从模板分块、混凝土进仓方式上等多方面考虑，但都不可行。最后大家集思广益，提出了改造振捣棒的方案，去振捣棒生产厂家加工定制短混凝土振捣棒，改变现在振捣棒长度，从 50 厘米缩短到 20 厘米，对棒外径、震动频率、结构都进行相应调整，经多次试验后成功地解决了混凝土难以振捣的问题。类似这样的技术难题，施工中遇到了很多，但大家凭着一股迎难而上的劲头，一件一件地处理解决，最终保质保量完成了 B-I 标段的施工任务，建成一个"近乎完美"的工程。

参建东改工程经历，赋予我人生最宝贵的财富

东改工程建设前后经历三年多，在这期间经历了许多难以忘却、值得回忆的事情，有压力，有喜悦，有干劲，有感动，能安全、优质、高效地完成全国一流的供水工程，实属不易。我想，能完成这个艰巨的任务，首先是思想上重视，从广东省委、省政府、省水利厅领导到施工项目部的人员，都十分重视这个全国重点工程的建设，都树立了一个要把东改工程建设成"安全、优质、文明、高效的全国一流供水工程"的目标。思想上统一了，行动上才能一致。其次是组织协调有方，东改工程总指挥部以及各参建单位，在这个大型供水工程建设中，项目标段多、工作量大，施工单位多、外部干扰大，需协调的事多且复杂，要团结一致做好这个工程，没有一种强大的组织协调力量是很难顺利完成的。最后，各参建单位发扬努力拼搏、精心施工、只争朝夕的精神，有了这个精神，才能顺利地完成这一大型工程。

东改工程建设完成后，我先后参加了多项大型水利工程建设：参加了广东省北江大堤加固达标工程建设，任项目经理，建设的北江大堤西南水闸获中国水利工程优质（大禹）奖；还参加了湛江市鉴江供水工程建设，任工程施工指挥长，这项工程投资 27 亿元，于 2013 年 3 月投产供水；2016 年，参加了广东韩江高陂水利枢纽工程建设，该工程投资 60 多亿元，我担任工程建设常务副总指挥，负责该项目的投资、融资、建设、管理、运营等工作，目前该工程主体

工程已完工，我们这个管理团队也荣获了广东省"五一劳动奖章"。

从事水利工程建设以来，我虽然参加的大都是全国及省的重点水利工程，但东改工程是自己参加建设的各项工程中最主要的项目，在自己的心中占有重要位置。这个工程让我得到了很好的锻炼，能力大大提高，无论从专业技术上，还是组织管理上，工作水平得到了很大提升，为后来参加工程建设积累了宝贵的经验。这个工程也让公司和我获得了许多荣誉：B-I 工标段获得东改工程总指挥部的施工标兵段、施工质量特别优秀单位、安全生产文明施工先进单位等荣誉；自己也获得总指挥部优秀项目经理、十杰工作者，2003 年被评为广东省建筑企业优秀项目经理，2005 年被评为全国建筑企业优秀项目经理，2007 年被评为广东"五一劳动奖章"获得者。

我职业生涯中最美好的时光留在了东改工程，而参与这项工程建设，也让我获得了最宝贵的精神财富和积累施工管理技能，受益无穷。

口述者为当年参与东深供水第三期扩建和改造工程建设的建设者。

忆往昔峥嵘岁月

看今朝再续辉煌

2014. 3. 16

多次改扩建确保对港供水
量足质优

◆口述者：周德蛟

我有幸参加了东深供水改造工程（以下简称"东改工程"），任工程建设总指挥部计财部部长，负责合同管理、财务管理、工程量核算与结算等工作。之前的几次扩建东深供水工程我没有参加，但我在广东省水利厅工作多年，直接参与东深供水工程的管理，对这项工程还是比较了解的。

一万多名建设者肩挑手铲实现如期供水

20世纪60年代初，广东省水利电力厅对港供水做了几个方案供选择，后来结合预算资金规模、施工难度、征地拆迁、工期要求等各方面因素，最终确定引东江水通过石马河天然河道作为输水通道，逐级提水，送到深圳水库的建设方案，这就是后来的东深供水工程。

这个方案当时主要考虑的是，要把大部分的资金都用在工程本身，减少征地、拆迁费用。利用天然河道可以降低施工难度，缩短工期，因为当时香港缺水已经很严重，域外供水已刻不容缓。

东深供水工程当时是国内最大的供水工程，也是一项实现广东"北水南调"的宏伟工程。具体来说，就是从东莞桥头镇的东江取水，通过6个拦河坝、8个抽水站，让东江水沿着石马河逐级被逆流提

东深供水工程金湖泵站。（邹锦华 摄）

升至雁田水库，再通过沙湾河注入深圳水库，全长 83 公里。最后在深圳水库通过输水钢管与香港供水系统对接。

当年修建这83公里的输水线路时，工地分散、线路长，时间紧迫，生产力又比较落后，没有什么机械设备，基本依靠人力，建设难度非常大。最终，经历一年时间的艰苦奋战，1 万多名建设者靠肩挑、手铲，开挖了 240 万立方米土石方，浇筑了 10 万立方米的混凝土，完成了全部泵站的机电设备安装，于 1965 年 3 月实现了对香港供水。

劳动竞赛赛出了"一项近乎完美的工程"

2000 年，东改工程开工建设，广东省水利厅抽调了一批业务骨干到工程建设总指挥部工作。就这样，我来到了东改工程，参与建设。

从 1964 年首期工程开工，历经 30 多年，我国的生产力水平发展很快，建筑市场发育比较成熟。为严格执行招投标法和选好参建队伍，总指挥部坚决引入市场机制的招投标方式，中标的都是国内实力很强的建筑施工企业、设备和材料供应等单位。

把东改工程建成精品工程，是总指挥部一开始就定下的目标。但东改工程工地有51.7公里的战线、16个标段、12家土建施工单位，总指挥部只有50多人的管理队伍，要实现这个目标很不容易。

所以，总指挥部把社会主义劳动竞赛作为保证工期和质量的措施。总指挥部每季度组织各个项目部集中互评打分，对得分靠前的前三名给予奖励，项目经理也给予相应的奖励。后来，为进一步激发大家的积极性，又设立了进步奖，对每次评比名次进步比较明显的项目部和项目经理进行奖励。

总之，通过劳动竞赛、评比奖励等各种措施，在整个工地形成了一种"你追我赶"的良好工作氛围，大家比进度、比质量、比安全，各中标企业都把自己最好的设备、材料和人员调配过来，最终把这个工程优质高效地完成了。中国工程院院士潘家铮评价东改工程是"一项近乎完美的工程"。工程也先后获得了鲁班奖、詹天佑土木工程大奖等多项大奖。这些荣誉的获得，激励机制发挥了很大作用。

历次改扩建只为满足香港和工程沿线需求

东深供水工程前后经历首期建设、三次扩建和一次改造，历次改扩建都有现实的需求。我概括为，首期工程是解决对港供水从"无"到"有"的问题，三次扩建是解决对港供水从"少"到"多"的问题，而改造工程则是为了彻底解决对港供水水质由"普通"到"更好"的问题，实现质与量的提升。

首期工程建成后，解决香港的缺水问题，促进了香港经济社会发展。改革开放后，工程沿线也得到快速发展，随之而来的就是用水量不断增加，原有的供水规模不能满足需求。应港方请求，经过双方协商，将对港供水最终年供水规模提高到11亿立方米。工程先

东深供水工程金湖泵站中控室。（邹锦华 摄）

后进行了三次扩建，第三期扩建工程完成后，供水规模提升到 17.43 亿立方米，其中向香港年供水规模最高可达 11 亿立方米。

随着改革开放的不断深入，东深供水工程沿线经济社会发展不断加快，人员密集，工厂众多，带来的环境污染问题威胁到对港供水的水质。我们意识到这个问题后，东深供水改造工程随之提上日程，它是将原来的天然河道和人工渠道输水改为封闭专用管道输水，实现清污分流，把优于 II 类水质标准的东江水送到香港，这保证了对港供水的水质。

东深供水工程承载了各方关心、关爱、支持

东深供水工程关乎香港同胞饮用水安全，关乎香港长期繁荣稳定，关乎工程沿线经济社会发展，被称之为"生命水、政治水、经济水"，因而得到了各方的重视、支持、关心和关爱。

中央层面，从周恩来总理特批 3800 万元开工建设首期工程，到

后来很多中央领导亲临改、扩建工程视察指导，慰问、鼓励东深供水工程建设者，激励建设安全、优质、一流的供水工程。

水利部和省领导多次亲临工地现场，对工程的施工、运行、管理提出指导意见和具体要求。

历届香港特区行政长官也是高度关注工程运行管理工作。

广东省水利厅派出一批批专业技术干部，组建工程建设指挥部，组织协调历次改、扩建工程。完工后，还持续不断加强对工程运行管理的指导与监督。特别是对工程取水水源的东江，成立了专门流域管理机构——广东省东江流域管理局，加强东江流域水质保护和水量统一调配，确保东江水持续安全供港。

口述者为当年参与东深供水改造工程建设的建设者。

东深工程激发
我人生的职业理想

◆口述者：周清

我毕业于华北水利水电学院（现华北水利水电大学），学的是地质专业，毕业后分配到广东省水利水电第二工程局（以下简称"水电二局"）。

最初参建东深供水工程是机缘巧合。水电二局的干部科、人事科最初计划安排我去青溪水电站工作，这是当时广东省水利电力厅实施的另一个大型水利项目，但后来局领导改变主意，派车把我接到东深供水工程建设工地。就这样，1991年大学刚毕业，我就有幸参加了东深供水第三期扩建工程建设（以下简称"三期扩建工程"，以此类推），到2021年刚好工作30年。

这30年，我一直都是跟水利项目打交道，积累了一定的工作经验，走上管理岗位后，在工地上待的时间就比较少了。2006年开始做公司经理，后来管的项目比较多，就很少长时间待在同一个项目上了。

刚毕业就上东深扩建，在工地完成了角色转变

1991年参加工作后，正赶上三期扩建工程施工，我参加的项目主要是雁田隧洞施工。到1994年初，近3年的时间，完成了这个项目。我当时在工地主要是做现场技术员，指导现场施工，在施工现

东深供水三期扩建工程雁田隧洞施工现场。（广东粤港供水有限公司供图）

场发现问题及时解决。

说实在话，从学校走向社会，做完第一个工程，应该说完成了角色的转变，感受还是蛮深的：20世纪90年代，当时的大学生被喻为"天之骄子"，到工地以后感觉落差有点大，住的是石棉瓦房，整栋楼一排房子有10～15间，上面是敞开的，两间房之间的隔墙高才有2.2米左右，既漏风，又不隔音，当你在第一间房子讲话，最后一间房子也能听得见。

听老一辈同事介绍，建设东深供水工程是为了解决香港同胞的饮用水困难，历经一期、二期扩建，有力支撑了香港的繁荣发展，也促进了工程沿线地区的经济社会发展。在了解了这一工程的历史后，我对这个项目还是比较感兴趣的，能参加这个项目建设还是很荣幸，有一种自豪感。所以，当时想法是，不管怎么样，把这个项目做完再说，做着做着，就喜欢上水利施工这个职业了。

做完三期扩建工程，我个人发生了一个很大的转变。从施工方面来说，专业技能得到了提高，知识面得到了拓宽，工作态度更加严谨，感觉到自己真正走进了这个专业、思想上融入了这个行业，并且开始思考我在这个行业该做什么样的职业规划，开始有了职业的憧憬和理想。

通过参与三期扩建工程建设，我充分认识到水利施工的严谨性、行业技术的重要性，这两点给我印象特别深刻。在严谨性上，体会最深的是隧道开挖。有一次，在处理一个危险地段险情的时候，需要截一段钢筋，水电二局的前任老总问我们需要多长？我说大概需要30公分、20多公分吧，当时他就把我骂了一顿"大概，大概是多少？准确说多少公分"。

现场的这一顿吼给我印象很深。在处理危险、复杂地段这些紧急情况的时候，作为技术人员，严谨性更加明显。当头棒喝，这是从当时的学生转变成工程技术人员，给我印象最深的一个场景。

技术的重要性上，与其他项目相比，水利工程有一个很大的特点：不出问题就不出问题，但一出问题就会是很大的问题，甚至会出现人员伤亡。技术关系到安全，水利施工技术比其他方面技术要更超前、更细致、更全面。这两点是体会最深的，也是走上工作岗位最重要的收获。

目标倒逼观念转变，开隧洞施工不穿水鞋先河

2000年，我参与东深供水改造工程（以下简称"东改工程"）建设，前期我是项目副经理，后期是项目副经理兼项目总工。在这个岗位我就不像三期扩建工程那样做具体的技术员工作，而是做现场管理和技术管理。

角色发生转变以后，管理的重点、关注的重点就不一样了。东

改工程项目中，水电二局主要负责 B−Ⅱ₁ 标段走马岗隧洞。当时东改工程每次有重大活动，B−Ⅱ₁ 标段都会作为一个重要标段被视察，省里的大部分领导、香港特别行政区行政长官董建华都曾来过，检查施工进度等。

上级领导之所以到 B−Ⅱ₁ 标段视察，一是这个隧洞是最长的，投资量比较大；二是作为水利建设，B−Ⅱ₁ 标段在文明施工方面创造出了好经验。一般情况下，打隧洞要穿水鞋进洞，而我们打隧洞改变了以往的认知，可以不穿水鞋进洞。进隧洞为什么能不穿水鞋？说明排水做得很好，路上没有任何淤泥。

如果隧洞里面水多，道路泥泞，就很难走。打隧洞过程中，我们做好管线布置、照明布置、现场交通、文明施工等方面的工作，也加入了企业文化的宣传，都做得比较好。当时一些广告公司拍年画，都到这个标段去拍，选择我们的工地作为背景。

从这个隧洞开始，广东省的施工企业才意识到：原来打隧洞可以不用穿水鞋。供水隧洞与公路隧洞不一样，大部分在地下，地下水位线以下，洞里有水有泥属于正常状态；公路隧洞则大部分在地面以上。

隧洞施工环境做得这么好，除了促进安全生产和提高施工效率外，还能节约成本。因为洞里干净对机械的损伤都会大大降低。

这种改变，我认为主要还是观念的转变。当时广东省水利厅、东改工程建设总指挥部把项目目标定得很高，就会倒逼其他改变，这个很关键。

其实，接到东改工程任务初期，项目部有很大压力。一些老职工根据过往的做法认为目标定得高做不到，有提出疑问的，有提出反对的。作为项目副经理，在这个时候要成为主心骨，有方案、有

技术人员在东深供水改造工程金湖渡槽检查施工质量。（广东粤港供水有限公司供图）

措施。只要大家积极配合，我相信，最终效果还是好的。

文明施工的影响力出来后，得到了表扬，得到了社会各界的认可。这为后来我们进行工程质量控制打下了很好的基础。

这个项目，对我的人生、对我职业规划来讲，影响很大，很多管理方面的经验、专业方面的技能、应对施工中的问题都有了一个很好的积累，对我个人帮助很大。

一进隧洞就想到安全，职业特点强化风险意识

相比其他水工作业，打隧洞危险性要高一些，常常会出现不可预见的风险。如果隧洞里面进水了，对安全、对施工影响都会很大。

三期扩建工程施工时，印象最深的一次是，雁田隧洞施工时进水。洞内地势低洼，都是斜坡道，从外面发信号洞内基本上收不到。那时也没有手机之类的通信工具，如果要联系就要靠喊话，或通过对讲机联系。这次水虽然不是很深，大概有 60 公分，但水来得急，

更糟糕的是，水里夹杂着很多石头、泥块等杂物。

当时我和另外 3 个测量工在洞内测量，水进来时，我们借助洞内一些管线、集水井等物体，站在高一点的地方避险。出洞后，腿部、膝盖被石头磕碰、刮擦得比较厉害，还有一个人腿受伤了。现在回想起来，心有余悸。

雁田隧洞施工碰到危险的还不止一次。1992 年下半年，曾经有一个特殊地质地段出现断层，当时和几个领导正在商讨处理方案时，突遇泥石流袭击。情急之下，在场的一位领导大声招呼说，站过来、站过来一些！不到一分钟，一股泥石流从断层破碎带一下冲出来，好在我们都避开了。对这次险情我记忆很深，不是暴雨带来的，是由于地质断层带导致的，水、泥浆、碎石夹杂着冲下来，属于偶然发生。

从三期扩建工程到后来的东改工程，我们承担的项目都是打隧洞，大概有 10 年时间都是跟隧洞打交道。所以，我现在一见到隧洞就有着亲切感，对隧洞有特别的感情。出于职业习惯，一进隧洞，就下意识地想到安不安全、有没有风险，感觉特别强烈，算是职业病吧。

干过很多工程，但东深供水工程在感情刻度上始终最深

东深供水是"生命水、政治水、经济水"，我们在思想认识上还是到位的。从施工方面讲，就是怎么把施工的安全、质量、进度这三个要素把控好。

安全上，从安全的投入、安全的策划到安全的施工，把安全作为重中之重，进行全过程管理；质量上，包括外观质量、内在质量，从工人到管理者，从来没有一点点偷工减料、投机取巧的思想和行

为，从思想上就比较重视，完全按图纸进行施工，质量把控得很到位；进度上，当时单元工程细化到每一道工序、每一天、每一个小时，并且每天会开一次碰头会进行调度，做好进度管理。

为了保证进度，我们实行两班倒，除了吃饭，都在进行作业，管理人员、技术人员、施工人员都一样，节假日也在上班。我作为项目副经理、项目总工，春节期间也在现场。何谓领导？不只是个职务，更不是什么特权，领导就是要身先士卒、以身作则，除请病假以外，其他时间我都在工地。

从 2000 年到 2003 年，在整个东改工程建设期间，我们春节都坚守在工地。为照顾一些职工，项目部将家属接到工地，让职工和老婆孩子到工地团聚一下，在工地过年。当时我们工程部还是比较人性化的，通知厨房安排围餐，就不用自己做饭了，大家凑到一起非常开心。

东改工程的工期相对比较紧迫，从设计的启动阶段，到施工的实施阶段，进度与计划还是有一些误差，因为有些因素是我们不能控制的，比如当地的移民征地问题，导致工期有所拖后，但我们还是想把工期赶回来，确保项目按期交付。

东改工程移民征地开启了国内一个先河，即征地补偿款由总指挥部直接拨付到村民手里。原来的做法是把钱打给当地政府，当地政府再跟他们协商，多一个环节。由总指挥部直接对村民，减少了环节，加快了进度，时间方面有保障，征地成本好控制。

我是搞施工的，东深供水工程之后，还参加了很多省内的水利建设，比如飞来峡水利枢纽工程、乐昌峡水利枢纽工程，还有现在的珠三角水资源配置工程等。20 世纪 90 年代后，广东省的大型水利工程很多都有参与，但在我心中，东深供水工程始终是排在第一的。

因为重要性，因为带来的自豪感，在感情刻度方面，东深供水工程始终是最深的。

参建东深供水工程对我个人来说意义重大，为我个人成长、专业成长、管理经验的增长提供了一个很好的平台，奠定了很好的人生发展基础，同时让我很有成就感、自豪感，后来也获得很多荣誉，始终心存感激。

东深供水工程对我们单位帮助也很大，锻炼培养了一批人才，锻造了水电二局在广东水利建设市场上的良好品牌，为企业未来发展奠定了坚实的发展基础。

口述者为当年参与东深供水第三期扩建、改造工程建设的建设者。

国外水泵厂家无法解决的难题，被我们解决了

◆口述者：邱静

我于 20 世纪 90 年代在广东省水利水电科学研究所（2001 年后改名为广东省水利水电科学研究院，以下简称"广东水科院"），作为高级工程师参加东深源水生物硝化处理工程（以下简称"生物硝化工程"）及东深供水改造工程（以下简称"东改工程"）的系列科研工作，深切体会在这样一个大型引水工程建设过程中，在关键技术难题上的科研攻关和技术突破是保障工程顺利建设和安全、高效运行的关键。

试验研究成果改变了生物硝化工程原设计方案

随着经济社会的快速发展，原本用作输水渠道的东莞石马河沿线水体日渐变差，使得对港供水水质安全面临威胁。1996 年广东省水利厅经过调研，决定采纳同济大学关于建设源水生物硝化处理工程的建议，在深圳水库上游沿河建设日处理 400 万吨的源水生物硝化处理工程。

如此大规模应用生物硝化处理技术，当时国内外尚无先例，大规模的填料和曝气阻力造成的水位壅高增加了工程沿线的防洪风险。为此，当时的东深供水工程管理局（2000 年转制后为广东粤港供水有限公司）委托广东水科院开展源水生物硝化处理工程的水力摩阻

试验研究，研究填充物和曝气的水流摩阻规律，寻求兼顾防洪安全、生物硝化效果等系统解决方案。

这是一个从未有人涉足的全新研究领域，试验方案如何设计、试验如何开展，成为摆在课题组面前的第一个难题。由于工程供水量大，无法以 1:1 比例的断面模型开展试验，传统的缩尺模型又无法同时满足填充物和曝气阻力相似的要求。然而，这一切都难不倒广东水科院人。项目负责人黄本胜大胆提出采用系列试验延长法和沿程壅水叠加试验法，实现室内试验与原体试验达到同等的效果，巧妙地解决了试验难题。研究成果改变了原设计的沿河布置方案，即将生物处理槽由原设计宽 6 米、长 1086 米的布置方案，改为在深圳水库库尾布置 6 条宽 6 米、长 240 米的并联方案，在保障水质净化效果不降低的前提下，解决了生物处理槽可能造成水位壅高、影响防洪安全的问题。

随后，课题组和同济大学的研究人员一起在雁田水库坝下进行了源水生物硝化处理前后的对比试验，并开展了曝气均匀性和清淤措施等试验研究。在这系列研究的过程中，课题组经历了台风正面袭击、试验电源及设施被摧毁、试验中断等不利状况，为了探查填料挂泥和泥沙在生物处理槽的淤积情况，黄本胜、赖翼峰两位同

当年用于东深供水源水生物硝化处理工程水力摩阻试验的水槽。（口述者供图）

东深供水改造工程旗岭泵站。（广东粤港供水有限公司供图）

志仅身着雨衣和泳镜作为简单的防护，钻爬到近 4 米深的生物处理槽槽底，在槽底与填料之间只有 0.4 米高的黑暗狭小空间里爬行，近距离观测填料挂泥和槽底泥沙淤积沿程变化规律，获取第一手试验数据。仅仅 20 米长的试验槽，他们一边爬行，一边测量，一边大声告诉槽顶上的同事记录每个数据，耗费了近半小时，钻出来时，他们都成了泥人。课题组的同事们为了赶进度，冒着烈日酷暑，在烈日暴晒和水面反射的双重辐射下工作，两天下来，脸、脖子、手臂等身体暴露部位全被晒得发炎、红肿、脱皮。水利科技工作者就是在这样艰苦条件、恶劣环境下攻克一个个技术难题，为东深供水源水生物硝化处理工程建设奉献了水利科技人的智慧和汗水。

国外厂家解决不了的泵站机组剧烈振动难题，我们解决了

东改工程建设阶段的系列科研攻关中，最让我难忘的是作为项目负责人，解决东改工程旗岭泵站不明剧烈振动难题的经历。

在东改工程竣工投入试运行阶段，梯级泵站中的旗岭泵站部分机组出现了原因不明的剧烈不规则振动，最大的振幅可达5.3毫米，是规范允许振幅0.2毫米的26.5倍，对输水工程安全构成了严重威胁。

为了排除工程隐患，广东省政府、省水利厅高度重视，在集结多位国内专家集体会商研讨未果的前提下，不得已将旗岭泵站机组生产商奥地利设计专家邀请到现场，进行观测、分析，却始终未能查明原因。水泵机组的不规则振动，不仅会造成部分零部件的损坏，缩短机组的正常使用寿命，而且危及设备运行稳定和泵站结构安全，更重要的是，这样不明原因的振动就像一颗不定时的"炸弹"，随时会导致机组故障停机、管线停运，影响东莞、深圳、香港的供水安全。

课题组成员一起讨论分析试验数据。（口述者供图）

而东深供水工程作为香港人民的生命线，不容有失！

　　眼见着时间一天天过去，不明振动问题却始终拿不出有效的解决方案。就在此时，时任广东水科院院长黎子浩受东深供水改造工程建设总指挥部的委托，召集院里的技术骨干召开技术研讨会。我凭借大型泵站水力模型试验积累下来的经验，提出了大胆研判："这种现象可能是由水流结构及流态造成的"，并提议进行现场试验寻找振动原因。这为当时寻找振动根源提供了新的切入点，院里决定采纳我的建议，抽调院内骨干形成攻关小组，由我任项目负责人。

　　那时正是"非典"在广东传播时期，我和包括时任室主任赖冠文、副主任黄东在内的课题组成员一起赶赴旗岭泵站所在地东莞塘厦镇。在进入酒店量测体温时，也许由于过度紧张，我的体温超标，把所

通过物理模型试验，为东深供水工程旗岭泵站提供了机组振动解决方案，在泵站前池设置几个整流墩，改变水流流态，有效解决了机组振动问题，实现了机组的安全稳定运行。（口述者供图）

有人一下带进了紧张状态，好在稍作休息后，体温恢复正常，大家松了一口气。就这样，我们冒着非典感染的风险，第一时间来到了旗岭泵站现场。

现场试验的压力是外人难以想象的：鉴于对港供水的重要性，广东水科院为这个现场试验与广东粤港供水有限公司签订了安全责任书。那时的我还只是高级工程师，每做一次试验都需要"胆大心细"，我需要精心设计试验方案、充分预判试验可能出现的问题和现象，检查每一个关键环节，仔细审阅每份技术文件并逐页在责任人处签字，对试验的每个环节负责；此外，每一次现场试验都是一次实际机组调度的过程，每一个细节都关系着旗岭泵站机组和东深供水改造工程沿线梯级泵站运行安全，事关人民生命财产安全，责任重大。

现场试验过程中，随着进水池水位的逐步降低，机组的振动就越来越强烈。当降到最低运行水位时，机组的振动剧烈异常，当时在现场感觉整个泵房随时可能被振塌。因此，在机组强烈振动的情况下，临近观测存在较大安全风险。但为了了解泵站振动时进水流道的流态，我和课题组成员必须冒着危险深入到泵房底部的水泵层进行近距离观察。并同时指挥运行人员通过放闸门、加置削涡梁、削涡栅等方式改变进水的流态、流速等边界条件，进行各种预设情境的试验，从中观察水流流态变化和振动发展趋势的规律。终于，试验观察的结果验证了我最初的判断，水流流态正是引起泵站机组不规则振动的真正原因，拨开了困扰各方人员多月的疑云。我们在此基础上提出了改善机组剧烈振动的临时工程措施，确保机组的正常稳定运行。

此后，我们通过物理模型试验，提出在进水前池设置整流墩的永久工程措施方案，改善前池及进水流道内水流流态，彻底解决了旗岭泵站机组振动问题，延长了泵站机组的正常使用寿命，大大提升了东深供水改造工程的安全运行保障水平。

　　这次试验虽然冒着不小的风险，但我的收获很大：在攻克技术难题的同时，成就了自己科研生涯的一次重要蜕变。

　　口述者为当年参与东深供水生物硝化及改造工程建设的建设者。

铸就供水丰碑
造福粤港人民

邱静
2021.10.28

七、继往开来

一渠清水，长吟慈母摇篮曲。

千秋伟业，见证浓浓家国情。

党中央十分关心香港同胞的民生福祉，历代党和国家领导人都高度重视东深供水工程和对港供水工作。2014年，习近平总书记在参加全国两会广东代表团审议时，关切询问东江的水质怎么样，要求确保供水水质。

广东粤港供水有限公司作为东深供水工程管理运行单位，是2000年在原广东省东深供水工程管理局的基础上，经过改制而成立的一家国有供水企业。为保障对港供水安全，该公司团结协作、继往开来，带领全体员工继承和发扬一代代东深供水工程建设者不畏艰苦、甘于付出的奉献精神。秉持"生命水、政治水、经济水"的理念，精心管理和守护东深供水工程，实现不间断优质供水，为香港的繁荣稳定和深圳、东莞的经济腾飞作出了重要贡献。

带着满满的情怀去做优质的供水管理

◆口述者：徐叶琴

从 1988 年 6 月大学毕业参加工作到 2020 年，这 32 年间，我只坚定地做了一件事——东深供水工程管理，这是一件对国家、对人民都很有意义的事。

兴建东深供水工程的初心使命，是为了解决香港同胞饮水困难问题，同时兼顾深圳、东莞等工程沿线地区用水。而几十年后它发挥的作用和产生的效益远超当初。它有力支撑了香港几十年的繁荣稳定，有力支撑了深圳、东莞经济社会的快速发展，被社会各界称之为"生命水、政治水、经济水"。有幸在东深供水工程这个平台工作，我觉得人生很有价值感、成就感。

满怀职业理想，坚定选择东深

1987 年，在一次同学聚会上，一位同学说起他的一个同事调到东深供水工程管理局（以下简称"东深局"）。那时起，我就开始关注东深供水工程了。

毕业那年，当时毕业生国家包分配，也可以自己找工作，刚好广东省水利电力厅去学校招人，我就选择了东深局。

就这样，我毕业后到了东深局。相比其他行业，东深局的工作条件并不舒适。虽然总部办公地点在深圳，但工程沿线有 80 多公里，

292

东深供水工程全线自动化运行控制技术达到世界先进水平。图为金湖泵站运行控制室一隅。
（邹锦华 摄）

有 8 个泵站，为了快速提高业务水平，我就从第一级泵站开始，每个泵站待两个月。那段时间，我工作几乎都在各个站点，对我的业务水平提高很快。

我一毕业就来到东深局，从事供水工作几十年。2000 年改制，东深供水工程管理局改为广东粤港供水有限公司（以下简称"粤港供水公司"），之后由于工作调整离开了供水行业。

在商言政，供水安全高于一切

到东深局工作后，我对水有了新的认识。我老家在安徽农村，水不稀缺，到处都是。随着对东深供水工程的了解，我才意识到，水对一个城市意味着什么，香港同胞曾经遭受了怎样的缺水困境。东深供水工程建设的动机和初衷，是为了对香港供水。我们的主要工作是确保稳定安全对港供水。在此后工作的几十年间，保证对港供水的使命和责任一直根植于心。

对东深供水的认识，全体员工都是一致的，它的核心价值就是九个字：生命水、政治水、经济水。这也是我们企业文化的核心价值。

对这九个字的理解，伴随着东深供水工程的改、扩建而不断深化，愈加深刻。我到东深局之后，东深供水二期扩建工程建设（以下简称"二期扩建工程"，以此类推）已经结束。二期扩建工程之后由于经济快速发展，香港和深圳用水量猛增，供给与需求之间缺口很大。对港供水缺到什么程度呢？当时计划年供水量是 6.2 亿立方米，而实际上每年用水量达到 7 亿立方米。供水能力仍然受限，赶不上用水需求，所以要继续扩建。

改革开放之后的深圳、东莞发展也很快，用水量也不断增加，供需矛盾日益突出。因此，实施三期扩建工程又提上议事日程。

虽然粤港供水公司是一家企业，但对香港供水是政府行为，决

外国专家在东深供水工程参与设备的维护保养。（邹锦华 摄）

为确保对港供水安全，东深供水工程检修人员定期维护保养设备，保障设备正常运行。
（邹锦华 摄）

策供多供少也都是政府行为，是由广东省水利厅代表广东省政府与香港水务部门谈判，粤港供水公司是执行单位。作为供水执行单位，每次粤港供水谈判，广东省水利厅都会征求我们的意见，但一旦形成供水协议，我们必须无条件执行，确保安全优质供水。

香港对水的质量安全要求非常高，港方和粤方每年每月关于水质的检测要进行数据交换，香港水质事务咨询委员会每年都要进行评估，每年都来内地察看。从某种意义上说，我们供水是要接受监督的，这就是政府行为。1997年香港回归之后，我们更要把香港同胞的饮用水问题解决好。

作为一家供水企业，本应该"在商言商"，但我们承担着对港供水的特殊使命，却是"在商言政"，将供水安全高于一切作为企业管理的底线。为保证对港供水安全，我们从未有过追求利益最大化的念头。

认识转化为行动，对港供水更有保障

有了对东深供水工程的深刻认识，就会转化为对香港供水的自觉行动，始终牢记东深供水的核心价值，并克服一切困难坚定地去实现做一流的、优质的供水管理的目标。

2009年某一天，深圳水库库尾出现了油污。原因是有一艘清理泥沙的船，因为风大把船吹翻了，不到几公升的油污渗漏到水面，污染了几十平方米的水域。在那种情况下，一个晚上就必须把污染面积控制住，然后把它清理掉，否则就会影响水质安全。由于当时我们没有什么劳动力，当天晚上临时找100个工人很困难。于是我及时向广东省政府应急办、省环保厅、省水利厅汇报情况，下午各相关单位火速赶到现场，通宵达旦调动资源参与抢险，相关地方政府迅速调来吸油毯、船、柴油发电机等抢险物资，经过通宵抢险，总算把油污清理干净，排除险情。

深圳台风比较多，别的公司遇到台风来袭时，都是赶紧回去避险，而我们却要逆风而行，只要是刮台风，所有员工都要外出到现场检查。东深供水工程的供电是专用高压线，台风前都要检查靠近深圳那段高压线是否正常、检查工程设备设施是否完好；台风期间也要检测工程是否安全可靠、大坝会不会渗漏及变形等；台风过后也要检查，三个阶段必不可少。

记得2001年夏季一次台风来袭，那天高压线被打断了，如果台风过后再去检修，仅路上就需要花费两个小时，耽误不起。我打电话给相关部门负责人，要求预置和下沉抢险力量，强调在确保人员安全的情况下，提前在那个地方等候，等大雨一停，在安全的前提下立即进行抢修。这个部门负责人带了 5 个人，顶着台风冒着暴雨马上出发，这样就把路上的两个小时的时间抢回来了。后来风雨刚停就抢修，1 个小时后就恢复了供电。

供电抢险、高空作业具有一定的危险性。我们对一般事故都是提前做预案，但台风带来的暴雨天气需要现场做预案，我们叫开工作票，抢修部门要提前做好预防措施，人员要做好安全告示，天气一旦好转，快速开展抢修。

台风暴雨带来的损害往往不可预见，有时会发生设备损坏、厂房积水，突发状况很常见。因此，我 20 多年来手机从不关机，随时准备应急处理。

东深供水工程建成以来，对香港优质供水从未间断，因为我们对安全供水格外重视。从输水设施来看，东深供水工程的建筑物、输水管线都是优质工程；从设备来看，采用双向高压线、双电源，即使一条高压线遇到问题，比如说台风影响，另一条高压线作为备份能够及时顶上；我们的通信也是专用的，两条光纤，空中一根、地下一根，地下的有被老鼠咬断的风险，空中的有可能受到台风的影响。为了防范风险，保障供水安全，就配置了这些超常规的设施。从东深供水几十年的正常状态来看，也检验了我们的供水管理水平。

当然，做优质的供水管理是一个系统工程，广东省政府、相关部门及工程沿线都付出了巨大的努力，给予极大的支持，这也是我们做好对港供水的基础和根本保障。广东省出台了多部法规及规章，为东深供水保驾护航。广东省水利厅成立了东江流域管理局、省环保厅设有东深水源办公室，这些专门的机构都是为了东江能有一泓清水和良好的生态。尤其是工程沿线，东深公安分局发挥了依法护卫东深供水工程的重任。港方派人来察看东深供水工程，看到这些都很吃惊，看到这么多安保人员，有那么多措施来保护东江水，感受到了祖国对香港供水的重视。

随着粤港澳大湾区建设的深入推进，东深供水工程必将肩负更加重大的使命。正在兴建的珠江三角洲水资源配置工程，将引入清澈的西江水，为珠三角东部区域发展注入新的动力源泉。该工程建成后，将有效解决广州、深圳、东莞生活生产缺水问题，并为香港等地提供应急备用水源，届时对港供水将更有保障。

口述者为当年参与东深供水工程管理及改造工程建设的建设管理者。

传好接力棒，
当好新时代对港供水的守护人

◆口述者：佟立辉

作为粤海水务公司从事水质管理的一名职工，我和500多名粤海水务人还有一个共同的名字——对港供水守护人。

水质管理是做什么的呢？每次当我讲到在水库生态养鱼的时候，都会受到别人的调侃，"你的工作就是在水库养鱼啊？还挺悠闲的嘛！"

果真如此吗？当然不是！

从东江上游的河源、惠州直到深圳水库，广东省一直在做一件事情——生态涵养、生态护水。深圳水库是东深供水工程对港供水的最后一站，是保障水质的最后一道关口。水库的水质保护不好，前面所有努力就会"付诸东流"。水库中"人放天养"的鱼存在的目的就是改善水质。在这里，"鱼"不是主角，"水"才是。

深圳水库划有严格的水源保护区。由于受到良好的保护，水库周边环境优美、风景怡人。多年来，总有房地产商打起在水库周边开发地产项目的主意，都被我们一概否决。因为我们心里都有一本账，那就是保障水质安全才是我们最重要的责任和最大的利益。

长期以来，通过东深供水工程专用输水管道输送到深圳水库的东江原水，水质一直优于国家地表水Ⅱ类水标准。即便如此，我们依然在水质保障上多添了几道安全阀。

广东粤港供水有限公司拥有强大的维修力量，保证了机组安全运行，保障供港水源源不断。（广东粤港供水有限公司供图）

1998年，我们在东江水进入深圳水库的入口处，建成了至今日处理能力仍为世界同类工程之最的生物硝化工程。所有流向香港的东江水会在这里停留56分钟，天然水体中的微生物会对原水做进一步净化，确保实现更高标准的水质。

金湖泵站是东深供水工程的最高点，从高空俯瞰，护坡上有8个显眼的大字——"安全供水、供安全水"，凝聚了东深人坚守对港供水的庄严承诺。

保护水质，就是为了实现"供安全水"的目标，与之同样重要的，是维护工程正常运行的"安全供水"。

东深供水工程在2000年至2003年进行全面改造时，采用了很多国际先进的进口设备。有赖于这些进口设备，我们延续了前辈们"令河水倒流"的伟大壮举。但随着时间的推移，设备老化，检修成了问题。在这个过程中，我们遇到了一个令人痛心的事实：国外专家开出了极高的检修报价，而且还不愿意分享他们的检修工艺。

受制于人、被人"卡住脖子"的守护人还谈何守护呢？

痛定思痛，维修部的孙思广和他所在的检修团队，下定决心自己研究。他们卧薪尝胆，终于历时15年摸索钻研出一套检修工艺。这套耗尽他们青春的"独门绝技"最终被国外原厂专家认可，成为同类大型水泵安装的标准工艺。

如此事情，不止一二。工程所采用的西门子公司 OTN 通信系统发生故障后，在西门子德国总部专家都无法找到故障点的情况下，维修部工程师何久根转换思路，抛开西门子那套常规办法，采用最小系统法找到故障点，完成故障修复。可谓"青出于蓝而胜于蓝"。

自工程建成后的那天起，我们从未停下过自主创新的脚步。我们通过技术革新、产品替代、自主维修等竭尽所能的方式，彻底解决了技术上"卡脖子"的问题，实现了备件国产化、检修自主化。我们深知，只有靠自己，才能担当守护使命！

现在，我们的设备越来越有科技感。我们先后投用了无人采样监测船、无人机和智能巡检机器人，它们能够对水质进行实时采样监测，对工程不间断地巡查巡检。我们还建成具有国家实验室认可资质的水环境监测中心。

东深供水工程管理部门工作人员在取水样检测作业。（刘志鹏 摄）

为确保供水安全，广东粤港供水有限公司每天都要进行水质检测。（邹锦华 摄）

借助这些高科技手段，我们推行 24 小时在线监测、现场检测和实验室检测相结合的"三级监测模式"，让"安全供水"变得更加智能可靠。

在工程建设初期，前辈们经历了 5 次台风考验。事实上，南粤大地哪一年没有台风挑战呢？

2018 年 9 月 16 日，超强台风"山竹"正面袭击珠三角地区，狂风呼啸，暴雨如注。

上午 11 点，旗岭泵站中控室的电话铃声突然响起，命令从电话那头传来：立即关闭旗岭溢流堰防洪闸。

此时此刻，石马河水暴涨，犹如咆哮猛兽正步步逼近大坝高位，随时有漫坝涌入对港供水渠道的风险。接到命令后，三位同事立刻驾车前往。外面的世界狂风肆虐，折枝断木砸在车上，时有大树轰然倒下。尽管一路小心翼翼、左避右躲，但是横七竖八的倒木和积水犹如上天特意设置的障碍一般，把汽车困在了半路，前后不得。

为确保对港供水安全，广东粤港供水有限公司投巨资建成国内一流的水环境监测中心，每天对供港水进行监测。（邹锦华 摄）

刻不容缓，中控室里的蓝伟华毅然冲出门，顶着狂风暴雨，冒着随时可能从天而降的危险，选择徒步抄近路赶往闸坝，及时关闭了闸门，阻挡了洪水涌进供水渠道。

这样的故事还有很多很多！

56年如一日的守护！267亿立方米（截至2020年底），相当于近1900个西湖水量的东江水，源源不断地从深圳水库送往香港，满足了香港近八成的淡水需求。

我时常在想，作为守护人的我们到底在守护什么？

东深公安分局水上巡逻队时刻守护着香港供水"生命线工程"。（广东省水利厅供图）

　　我们守护的是中央在得知香港用水困难后那斩钉截铁的对港供水的承诺，是祖国对香港的慈母深情和粤港两地的同胞之情，是一代代东深供水工程建设者传承下来的精神财富和忠诚使命。

　　一切向前走，都不能忘记走过的路；走得再远、走到再光辉的未来，也不能忘记走过的过去，不能忘记为什么出发。作为新时代东深人，我们将继续踏着前辈的奋斗足迹，不忘初心、牢记使命，传递好"生命水、政治水、经济水"守护重任的接力棒，将安全优质不间断对港供水的时代使命进行到底！

　　口述者为"时代楷模"东深供水工程建设者群体先进事迹报告会成员，东深供水工程管理者。

传好接力棒，
当好守护人！

俊峰
2021.10.24

附　录

　　从 1965 年东深供水工程建成对港供水，至 2021 年中共中央宣传部授予东深供水工程建设者群体"时代楷模"称号，已过去 56 年。这期间，东深供水工程经历了许多变与不变。它变得规模更大、更现代、更可靠；而不变的是，祖国母亲对香港同胞的关爱之情，以及日夜流淌的供港东江水。

　　为了让读者更全面、更系统、更立体、更方便了解东深供水工程的昨天、今天和明天，本书增加了"附录"，内容涵盖中共中央宣传部授予东深供水工程建设者群体"时代楷模"称号、"时代楷模"东深供水工程建设者群体先进事迹报告会图片报道、东深供水工程媒体报道精选等三部分内容，以飨读者。

附录 1

中共中央宣传部授予东深供水工程建设者群体 "时代楷模" 称号

　　2021 年 4 月 21 日，中共中央宣传部授予东深供水工程建设者群体 "时代楷模" 称号，褒扬他们是建设守护香港供水生命线的光荣团队，号召全社会特别是广大党员干部学习英雄、争做先锋。水利部、广东省委也先后印发向 "时代楷模" 东深供水工程建设者群体学习的决定，要求采取各种各样的形式，广泛开展向 "时代楷模" 东深供水工程建设者群体学习。水利部党组、广东省委、广东省水利厅党组把学习 "时代楷模" 东深供水工程建设者群体先进事迹作为党史学习教育的重要内容，把《供水丰碑——口述东深供水历史》一书作为党史学习教育读本。

中共中央宣传部关于授予东深供水工程
建设者群体"时代楷模"称号的决定

新华社北京 4 月 21 日电 东江—深圳供水工程（简称"东深供水工程"），是党中央为解决香港同胞饮水困难而兴建的跨流域大型调水工程。上世纪 60 年代，来自珠三角地区的上万名建设者，响应党的号召，克服施工装备落后、5 次强台风袭击等重重困难，通过人工开挖、肩挑背扛等方式，开山劈岭、凿洞架桥、修堤筑坝，仅用一年时间就建成了规模宏大的供水工程。上世纪 70 年代至 2003 年，工程又先后进行了四次大的扩建、改造，供水能力提升至建设初期的三十多倍。经过 50 多年精心建设守护，东深供水工程满足了当前香港约 80% 的淡水需求，成为保障香港供水的生命线，增进了香港的民生福祉，保证了香港的繁荣稳定。

一代代东深供水工程建设者不忘初心、牢记使命，敢于创新、接续奋斗，充分彰显了他们忠于祖国、心系同胞的家国情怀，勇挑重担、攻坚克难的使命担当，不畏艰苦、甘于付出的奉献精神。他们的拼搏奋斗故事，激励了一代代特区建设者敢闯敢试、勇立潮头；他们的真挚爱国情怀，感召了广大香港民众饮水思源、爱国爱港；他们的几代接力传承，凝聚了推进粤港澳大湾区建设、推动香港繁荣发展的磅礴精神力量。为宣传褒扬他们的先进事迹和崇高精神，中共中央宣传部决定，授予东深供水工程建设者群体"时代楷模"称号，号召全社会特别是广大党员干部学习英雄、争做先锋，更加紧密地团结在以习近平同志为核心的党中央周围，增强"四个意识"、坚定"四个自信"、做到"两个维护"，在更高起点上推进改革开放，不断丰富和发展"一国两制"在香港的实践，以优异成绩庆祝中国共产党成立 100 周年。

2021年3月29日，中共中央宣传部调研组到广东省考察调研东深供水工程建设者群体先进事迹。（邹锦华 摄）

2021年3月30日，中共中央宣传部调研组在广东省水利厅召开东深供水工程建设者群体先进事迹考察调研座谈会，与东深供水工程建设者群体代表座谈交流。（曾文凡 摄）

2021 年 4 月，东深供水工程建设者群体代表参加中共中央宣传部在中央广播电视总台举办的"时代楷模"发布仪式。（曾文凡 摄）

2021 年 4 月，中共中央宣传部等领导出席东深供水工程建设者群体"时代楷模"发布仪式。（曾文凡 摄）

附录 2

"时代楷模"东深供水工程建设者
群体先进事迹报告会图片报道

2021 年 5 月 20 日下午，由中共广东省委宣传部、广东省水利厅和广东省人民政府港澳事务办公室共同主办的"同饮一江水 浓浓家国情"——"时代楷模"东深供水工程建设者群体先进事迹报告会（以下简称"报告会"）在广州珠岛宾馆举行。广东省直机关有关单位负责同志，广州市和省直、中直驻粤有关企事业单位党员干部代表，在穗高校大学生、港澳大学生代表等 700 多人现场聆听了报告会。报告会同时安排了网络直播。首场报告会后，报告团计划将赴水利部机关和广东省内有关高校巡讲。

报告会上，东深供水首期工程建设者代表、年过八旬的王寿永、符天仪，东深供水扩建、改造工程建设者代表熊振时、严振瑞，东深供水工程管理者代表、目前守护在对港供水第一线的佟立辉，以及香港在穗读书的大学生郑禧年等 6 名报告团成员在现场作报告，香港水务署高级工程师连登泰以视频方式作报告。他们用质朴的语言、鲜活的事例、真挚的情感，从不同角度介绍了东深供水工程的建设历程，生动诠释了"东深人"激情燃烧、感人至深的奋斗故事，香港与祖国内地骨肉相连、血浓于水的同胞情谊。

报告会前，广东省委书记李希、省长马兴瑞等省领导亲切会见"时代楷模"东深供水工程建设者群体先进事迹报告会成员。

2021年5月，广东省举办"时代楷模"东深供水工程建设者群体先进事迹报告会，各类媒体、户外广告、街头巷尾等随处可见宣传海报，为报告会宣传预热。(邹锦华 摄)

2021年5月20日下午,"时代楷模"东深供水工程建设者群体先进事迹报告会在广州珠岛宾馆举行。（南方都市报供图）

2021年5月20日下午,各界代表陆续来到珠岛宾馆,参加"时代楷模"东深供水工程建设者群体先进事迹报告会。（南方都市报供图）

5月20日下午3点30分,报告会开始,全体起立奏国歌。(南方都市报供图)

报告会由广东省委副秘书长、宣传部副部长王桂科主持。(南方都市报供图)

报告会首位报告人、香港水务署高级工程师连登泰以视频方式作题为"同饮一江水,情义两心知"报告。(南方都市报供图)

当年参与东深供水改造工程建设的建设者代表熊振时作题为"一条生命线，几代家国情"报告。(南方都市报供图)

当年参与东深供水首期工程建设的建设者代表、年过八旬的王寿永作题为"艰难困苦，玉汝于成"报告。(南方都市报供图)

当年参与东深供水首期工程建设的广东工学院学生代表、年过八旬的符天仪作题为"无悔青春，无问西东"报告。(南方都市报供图)

当年参与东深供水扩建、改造工程建设的建设者代表严振瑞作题为"心怀'国之大者',不负时代重托"报告。（南方都市报供图）

东深供水工程管理者代表、目前守护在对港供水第一线的佟立辉作题为"传好接力棒，当好新时代对港供水的守护人"报告。（南方都市报供图）

香港在穗读书的大学生郑禧年作题为"饮水思源，奋斗圆梦"报告。（南方都市报供图）

广东省直机关有关单位负责同志，广州市和省直、中直驻粤有关企事业单位党员干部代表，在穗高校大学生、港澳大学生代表等700多人现场聆听了报告会。（南方都市报供图）

报告人的精彩演讲，深深打动台下观众，掌声不断。（南方都市报供图）

东深供水工程建设者的感人故事，深深吸引现场观众，大家认真聆听。（南方都市报供图）

台上声情并茂、娓娓道来，台下热泪盈眶、掌声连连。90分钟的报告会，45次掌声。（南方都市报供图）

报告会结束时，报告会成员向观众致意。（南方都市报供图）

报告会结束后，有关领导与报告会成员合影。至此，这场持续90分钟的报告会落下帷幕，取得圆满成功。（南方都市报供图）

附录 3

东深供水工程媒体报道精选

建设东深供水工程，实现对港供水，解决香港缺水问题，饱含着祖国母亲对香港同胞的深情大爱，社会各界高度关注。东深供水工程经历的每一件大事，都会引起媒体的浓厚兴趣，特别是近几年经历的两件大事，媒体都进行广泛报道。

一是东深供水工程建设者群体获评"时代楷模"称号。2021年4月21日，中共中央宣传部授予东深供水工程建设者群体"时代楷模"称号，褒扬他们是建设守护香港供水生命线的光荣团队，号召全社会学习英雄、争做先锋。为做好"时代楷模"东深供水工程建设者群体先进事迹宣传报道，在中共中央宣传部的指导下，广东省委宣传部、广东省水利厅于2021年4月开展东深供水工程建设者群体先进事迹记者集中采访活动，邀请媒体记者深入东深供水工程沿线采访报道，在中央、省级和部分市级媒体进行广泛报道，声势浩大。

二是对港供水50年。2015年是东深供水工程于1965年建成对港供水50年，粤港双方举行系列纪念活动。3月初，广东省水利厅与广东粤港供水有限公司共同开展对港供水50年专题宣传报道，邀请媒体记者从东深供水工程主要水源地——河源新丰江水库开始，沿东江沿线河源、惠州、东莞及东深供水工程沿线进行深入采访，在媒体刊发一系列新闻报道，为粤港两地政府即将举办的纪念活动宣传预热。5月28日，广东省政府、香港特别行政区政府在香港特区政府总部举行东江水供港50周年纪念仪式，重温当年东江水供港历史，回顾东深供水工程对促进香港繁荣稳定所发挥的无可替代的历史性贡献。

为进一步宣传东深供水工程，让更多的人了解东深供水工程的过去、现在和未来，我们精选了部分媒体报道，希望通过二次传播，与大家共同感受香港与内地血浓于水的同胞情谊，凝聚推进粤港澳大湾区建设的正能量。

（1）"时代楷模"东深供水工程
建设者群体先进事迹媒体报道精选

敢让江水倒流　甘护清波南流

——记香港供水生命线东深供水工程建设者群体

新华社广州　2021年4月20日电　记者　吴涛　李雄鹰

1965年的东深供水工程落成庆祝会上，东深供水工程的建设者们收到港方两面锦旗，分别写着"江水倒流，高山低首；恩波远泽，万众倾心""饮水思源，心怀祖国"。

56年过去，东深供水工程向香港输送了大半个三峡水库的水量，并保持着优于国家地表水Ⅱ类水水质的质量。

可见的未来，来自东深供水工程的清波碧流仍将滋养香港这颗东方明珠。

被誉为东方之珠的香港，曾经面临着严重的水资源短缺问题，历史上数次出现居民大规模离港的现象。

1963年，香港遭遇大旱，当局严厉控水，最紧张时4天才供一次水，一次只供4个小时，数百万香港居民生活用水遭遇严重困难。

应香港同胞之请，为解香港供水短缺并兼顾广东部分地区供水灌溉而建的水利工程——东深供水工程应运而生。

最初的东深供水工程全长83公里，用8级抽水站将东江水提升

这是 2021 年 4 月 20 日拍摄的 77 岁的何霭伦。何霭伦 1964 年支援东深供水工程时还是一名大学生，被分配到设计组，辅助工程设计工作。（新华社记者　李雄鹰 摄）

46 米，"倒流"注入深圳雁田水库，再供给香港。

当时施工缺乏机械设备，也没有先进技术支撑，主要靠人力完成，要将水位逐级往上提升，困难可想而知，初期工程有 1 万多人参与建设。一些必要的设备靠各方支援，上海、西安、沈阳、广州等地 50 多个工厂为工程赶制机电设备。举全国之力，仅用 1 年时间就建成东深供水工程。

东深供水工程高速建成的背后，有无数可歌可泣的英雄故事。

1964 年，孩子刚出生不久的王书铨被抽调参与东深供水工程建设。当时他所在的旗岭闸坝工地非常荒凉，油毛毡搭的工棚，就是打几根木头桩再搭上木板，睡的是大通铺，一床被子半垫半盖。"为了赶工期，工程都是多工种同时进行，工作人员都集中在工地，大部分工作都是 24 小时三班倒。"84 岁的王书铨对那段经历记忆犹新。

因为任务重，时间紧，技术力量不足，时为广东工学院农田水利专业大四学生陈汝基和另外 83 名同学也被派上了建设一线。今年

82 岁的陈汝基说："我到凤岗工区工务股工作，股里还有一名 60 多岁的老工程师，身体虽然瘦弱也奋战在一线。"

困难不仅来自工程建设本身，还有天灾。广东是台风灾害多发地，东深供水工程在施工过程中先后受到 5 次强台风暴雨袭击，两个围堰被冲垮。

1964 年第 19 号强台风袭击，一天一夜降雨量达 300 多毫米，雁田水库水位暴涨，被迫开闸泄洪，导致下游竹塘工地围堰面临没顶垮塌风险。因电话不通，陈汝基和工友顶着 8 级大风，蹚过齐胸深的水，步行几公里在凌晨 2 点多赶到雁田水库通知减少泄洪量。

建设者们付出的不仅有汗水、心血，还有生命。就在工程建设到尾声，离既定回校时间不到两周时，广东工学院一名学生在工作中从闸墩工作桥上坠地，不幸身亡，令人痛惜。

"筲箕水冷，鳌头暑酷，东深供水工程的困难是难以想象的。但粤港两地，血脉相通，我们义无反顾，并不辱使命完成了祖国和人民交给的艰巨任务。"今年 81 岁的谢念生动情地说。

"万人大会战"的建设过程，考验的是克服天险和自然灾害的勇气和决心，通水后的管护工作，则需要持之以恒的耐力。

今年 79 岁的黄惠棠，将生命中的大半奉献给了东深供水工程。他于 1964 年参加东深供水初期工程建设，因表现优秀留下来在原东深供水局工作，并全程参与了东深供水工程一期、二期、三期扩建工程建设。作为东深供水工程通水后的管护者，黄惠棠除了 8 年时间在泵站工作外，其余近 30 年时间都在水渠沿线巡查，平均每天需要走约 20 公里的路程。

老一辈建设者为建设守护香港供水生命线忠诚使命、艰苦奋斗，新一代建设者仍在继续着这一光荣使命。一代又一代的东深供水工

这是 2021 年 4 月 20 日拍摄的 81 岁的陈宝强。陈宝强 1964 年参与东深供水工程建设，在东深供水工程沙岭工地施工。（新华社记者　李雄鹰 摄）

程建设者，讲述着内地与香港血浓于水的牵挂。

48 岁的陈姴是黄惠棠的儿媳妇，大学毕业后就来到广东粤港供水有限公司。她目前在莲湖泵站担任站长职务，和站里的工作人员每天负责泵站的日常工作。"供水工程是老一辈人一担一担挑出来的，作为后来者我们要继续在基层一线，传承供水工程的精神，守护好这条供水生命线。"陈姴说。

位于深圳市罗湖区的深圳水库，湖水明净碧绿，层层鳞浪随风而起，这里是东深供水工程的最后一站，水质的重要性不言而喻。1986 年出生的佟立辉，2010 年从武汉大学毕业后就来到广东粤港供水有限公司，目前是公司生产技术部水质管理经理，主要工作是负责整个工程的水质保护，包括水质监测、监测方案制定以及查找水质可能存在的潜在问题，并解决这些问题。

日常工作虽然琐碎，但佟立辉和同事们却不敢有丝毫放松。从青涩的大学毕业生，到干练的东深人，佟立辉见证了市民对水源重要性认识的不断提高，工作上的成就感越来越强。

这是 2021 年 4 月 20 日拍摄的佟立辉。佟立辉 2010 年毕业后供职于广东粤港供水有限公司,目前担任生产技术部水质管理经理。(新华社记者 李雄鹰 摄)

东深供水首期工程建成后,政府又投入近百亿元对东深供水工程经过三次扩建和一次改造。如今,东深供水工程北起东莞桥头镇,南至深圳水库,工程途经东莞、深圳两地,年供水能力 24.23 亿立方米,而且实现了清污分流,确保了优异的供水水质。

"我们将继承前辈们敢让江河倒流、高山低头的气魄,学习他们攻坚克难、无私奉献的精神,为维护香港繁荣稳定、推进粤港澳大湾区建设贡献力量。"佟立辉说。

从"东深供水工程"中
汲取时代力量

新华社广州　2021年4月21日电　记者　吴涛

　　56年前，为解香港"水荒"，一万多名建设者在物资和技术都匮乏的艰苦条件下，以敢让"江河倒流、高山低头"的气魄，在一年的时间里日夜奋战，建成了全长83公里、通过8级抽水将东江水提升46米的东深供水工程，成了香港供水的生命线。

　　如今，东深供水工程经过多次扩建和改造后，不仅保障了香港每年超过11亿立方米的供水，也造福了沿线的深圳、东莞等城市。这些"改天换地"的建设者值得粤港两地乃至全国人民铭记。

　　胸怀祖国、心系同胞的格局是一个民族的自豪。东深供水工程建设之时，广东也同样遭遇旱情，很多人正在为生计奔波，但为了救济数百万香港同胞，在国家号召下，上万人齐聚工地，并以能参加工程建设而骄傲。

　　艰苦奋斗、攻坚克难精神永不过时。工程建设时期，国家底子薄弱，大量工作靠人力完成，而且时间紧张、任务繁重，建设者们住在野外的临时工棚里，夜以继日，靠着双手双脚高质量完成了工程建设。

忠诚使命、无私奉献是一个民族的凝聚力、向心力所在。参与工程建设的有官员、有工人、有学生，有人孩子才刚出生不久，有人学业尚未完成，有人甚至付出了生命。但他们无怨无悔，只因那份为国家、为同胞的使命。

半个多世纪后的今天，世界面临百年未有之大变局，中华民族的复兴正砥砺前行。作为国家重要战略部署，粤港澳大湾区建设也面临"一个国家、两种制度、三个关税区"等重大挑战。使命光荣而艰巨，更需要新时代的建设者继承和发扬老一辈建设者的精神，以实际行动为推进粤港澳大湾区建设贡献力量。

为香港用水提供保障

——记东深供水工程建设者

本报记者 贺林平

《人民日报》（2021年4月21日 第14版）

东深供水工程太园抽水站取水口水闸。（邹锦华 摄）

梧桐山翠影绰绰，东湖公园绿意盎然。深圳水库碧波荡漾，清风徐来。

这里是东深供水工程的最后一站。佟立辉蹲在水质自动监测站前，仔细比对着自动检测设备采样生成的数据。"作为新一代的建设者，精心守护好这条对港供水的保障线，我们责无旁贷！"一旁，曾参加东深供水工程二期、三期扩建工程建设的林圣华老人，眼中满是赞许。

北起广东省东莞桥头镇，南至深圳市深圳水库，工程主干线长83公里（2000年实施封闭式改造后为68公里），东深供水工程为港深莞约2400万居民的生活、生产用水提供了重要保障。至2020年底，建成于1965年3月1日的东深供水工程已有效供水55年，累计向香港供水267亿立方米。

这项重大工程的背后，站立着千千万万像林圣华、佟立辉这样的建设者。他们牢记使命、接续奋斗、无私奉献，为保障香港供水贡献着力量。

建设——

仅用1年时间就建成通水

深圳水库旁的粤海水务展览馆，一幅幅老照片，讲述着这群建设者聚集在一起的缘由。

香港三面环海，淡水资源奇缺。1963年，香港遭遇百年不遇的严重干旱，不得不对市民限制供水。严重时，每4天供水一次，每次供水4个小时，全港数百万市民生活陷入困境。

香港中华总商会、港九工会联合会联名向广东省政府求援。1963年底，周恩来总理亲自批示，中央财政拨款3800万元，建设东江—深圳供水工程，引东江之水缓解香港用水困难。

为了从根本上解决香港水荒，广东省提出了一个大胆的设想：从东莞桥头镇引东江水，利用石马河道，至深圳水库，再通过钢管送水到香港。在当时的技术条件下，该方案难度极大——石马河由深圳大脑壳山由南向北流，如要利用该河道，只能硬生生将水位逐级提高46米，途经83公里进入深圳水库。

"无论如何也要按期把任务拿下来！"1964年2月20日，东深供水工程全线开工，来自广州、东莞、惠州、宝安等地的大约1万名建设者，在昔日宁静的石马河一字排开，日夜奋战。

按计划，工程设计人员分成3组分别下到东江口桥头、马滩、竹塘3个工地现场。现年86岁的王寿永当时是广东省水利电力厅设计院水工一室的一名技术员。在马滩站点，他主要负责马滩、塘厦等6个泵站的厂房设计工作。"工地只有临时帐篷，被褥、蚊帐、绘图工具等都得自己带。工程建设进度要求很紧，为赶工期，常常天刚亮就起床，一忙就忙到晚上10点钟之后。"

最高峰时，有两万多人奋战在东深供水工程一线。整个土建项目在汛期施工，许多基础工程是在水下5米至10米进行，有时甚至要对抗暴雨台风等恶劣天气。1964年10月13日，一名叫罗家强的大学生冒着狂风暴雨坚守在沙岭工段近7米高的闸墩，不慎跌落，献出了年轻的生命。

经过不懈奋战，闯过重重难关，东深供水工程仅用短短1年时间就建成通水，彻底解除了香港同胞的缺水之困。

扩建——

历经4次改扩建，供水能力大幅提升

东江水的到来，极大地促进了香港发展。1964年香港社会总产值是113.8亿港元，而到香港回归祖国前的1996年，这个数字变成了1.16万亿港元。"这都有赖国家引东江水来香港。"香港特区政府水务署前副署长吴孟冬深有感触地说。

改革开放以来，东深供水工程历经4次改扩建，年供水能力由首期的0.68亿立方米提升为24.23亿立方米。

从建设、扩建,到提升、优化,东深供水工程历时几十年,涌现出一对对"夫妻档""父子兵"。如今已81岁的陈宝强,当年还是个24岁的小伙子,1964年4月工程开工不久就进入沙岭工地当机电维修工,确保建设中的发电机、拌和机、碎石机等有效运转,在台风中坚持工作成了家常便饭。"工程建成后回到原单位,经人介绍对象,发现对方竟也是东深供水工程的工友。"陈宝强说。

79岁的黄惠棠参加东深供水首期工程建设后,因表现优秀留在原东深供水局工作,之后又全程参与了东深供水工程后续扩建。他的两个儿子黄沛坤、黄沛华也在参加工作时选择了东深供水工程,大儿媳陈姿也是东深供水工程建设者。

2000年8月,东深供水工程四期改造全面启动,将供水工程由原来的天然河道和人工渠道、一般管道组合改造为封闭的专用管道,实现清污分流,是当时世界最大的专用输水工程。

7000多名建设者迎难而上、攻坚克难,从太园泵站开始,遇山建隧、平地搭渠,先后克服了"头顶水库""脚踩淤泥""腰穿公路"等一系列复杂难题,短短3年时间内重新修建了一条现代化的供水通道,一举创造了4项"世界之最",确保了改造工程2.2万多个单元工程百分之百合格。

至此,东深供水工程输水系统由天然河道升级为全封闭的专用管道,实现输水系统与天然河道的彻底分离。

守护——

56年不变,保障供港水质

位于深圳市罗湖区的深圳水库,是东深供水工程的最后一站,水质常年优于国家地表水Ⅱ类标准。从1991年至今,广东省人大、省政府先后出台《广东省东江水系水质保护条例》《广东省东深供水工程管理办法》等 13 个法规、规章及规范性文件，以保护东深供水工程水质，保障东深供水工程安全运行。

在水库管理人员的带领下，记者从罗湖区沙湾路深入库区，一个个巨大的长方形池子进入视野。这是为改善和保障东深供水水质而建的大型净水工程——原水生物硝化处理工程，是东深供水工程建设者 56 年来精心守护优等水质的一个缩影。

作为当年的建设者之一，广东省水利电力勘测设计研究院原副总工程师林振勋退休后经常回来看看，"当时东深供水四期的'清污分流'改造还未启动。这个生物硝化池是作为确保对港供水水质的应急工程建设的，前后只花了一年左右的时间，等于给深圳水库加装了一个净水器，给供港水质又加上了一道'保险'。"

进入新发展阶段，为保障粤港澳大湾区和深圳先行示范区建设的用水需求，经国家有关部门批准，广东省决定兴建珠江三角洲水资源配置工程。该工程输水线路全长 113 公里，设计年供水量 17.08 亿立方米，总投资约 354 亿元，总工期 60 个月。工程建成后，将实现从西江向珠三角东部地区引水，有效解决广州、深圳、东莞缺水问题，并为香港等地提供应急备用水源，为粤港澳大湾区的建设发展提供重要的用水保障。

主持这项工程的严振瑞，1990 年从清华大学毕业后的第一项重要设计工作便与东深供水三期扩建工程有关。眼下，他正带领团队加快推进相关课题的联合攻关。"我的职业生涯从这里起步，如今仍在坚守。我将为它的'发展'与'延续'，做出更大的努力。"

敢让东江水倒流
甘护清波润紫荆

——记"时代楷模"东深供水工程建设者群体

本报记者 黄一为 滕红真 邹锦华

《中国水利报》（2021 年 5 月 6 日 第 4836 期）

东深供水工程最高泵站金湖泵站。（邹锦华 摄）

56 年前，一部名为《东江之水越山来》的纪录片横扫香港票房，创下当年中西影片的最高卖座纪录；56 年后，那时喊出"要高山低头，令河水倒流"口号，获颁"时代楷模"称号的东深供水工程建设者群体先进事迹，再次引发社会强烈反响。

东江岸边，粤港两地，发生了一个怎样的故事？

20世纪60年代初，淡水资源本就奇缺的香港遭遇大旱，350万香港同胞陷入前所未有的水荒。"要不惜一切代价保证香港同胞渡过难关。"周恩来总理迅速作出指示。粤港两地，一衣带水，筋骨相连，血脉相通。广东人民义无反顾地挑起重担，兴建东江—深圳供水工程（简称东深供水工程）。工程1964年2月20日正式动工，1965年3月1日建成通水，上万名建设者开山辟路、凿洞架桥，仅仅用了一年，就将东江水引到了香港。至此，这座跨越粤港的水利工程，改变了香港人的生活，改变了香港的命运，成就了美丽的"东方之珠"。

穿越半个多世纪，给"香港送水的人"换了一茬又一茬，工程也历经多次扩建改造，而任凭风吹雨打，血浓于水的同胞情谊从未改变。如今，万千东深供水人接续守护着这条"生命线"，清澈的东江水保障着香港约80%的用水需求，浸润着沿线港深莞2400多万居民生活，也继续映照着新时代大湾区的发展共荣。

万人奋战一年建成

引水为香港"解渴"

1962年到1963年，香港遭遇特大干旱，港英政府实行严厉限水措施：每4天供应一次水，且每次供水仅4个小时。

在香港同胞"解渴"无望的绝境中，周恩来总理拍板决定引东江水供港："供水工程，由我们国家举办，应当列入国家计划。……因为香港百分之九十五以上是自己的同胞。"中央划拨3800万元专项资金，明确用一年时间兴建东深供水工程。

这是一项实现广东"北水南调"的宏伟工程。用一个形象比喻来说，工程如同一座由北向南、高达四五十米的"大滑梯"，从东莞桥头镇的东江取水，东江水沿着石马河，通过高低不等的梯级，即 6 个拦河坝、8 个抽水站，逐级被逆流提升至梯顶的雁田水库，再顺着"滑梯"沙湾河注入深圳水库，最后经输水钢管与香港供水系统对接。

当时中央和广东省选派大批优秀干部和技术骨干，征召 1 万多人参加工程建设。然而，83 公里的输水线路，工地分散、站线长，时间紧迫。广东省水利厅原总工程师茹建辉说，那时生产力比较落后，没有什么机械设备，基本依靠人力，建设难度非常大。

最终，经历一年零 5 天的昼夜会战，1 万多名建设者靠肩挑、靠手铲完成了 240 万立方米土石方和 10 万立方米混凝土的建筑及机电安装工程。

是什么样的力量鼓舞建设者，在极短时间内，超速完成了如此巨大的工程？

一张珍贵的老照片给了我们答案。照片里工棚墙上写着："自力更生、又快又好地完成东江—深圳供水工程设计，早日给香港同胞供水。"

心系同胞，迎难而上！原广东省水电厅下属设计院技术员王寿永回忆，为了赶工期，设计人员的施工图画一张就往工地送一张，设计图纸画到哪里，工地建设就推进到哪里。

在油毛毡搭起来的工棚里，王寿永与同事们持续几个月加班加点绘图。"那个时候，不分领导者、技术人员、工人，大家都是为了一个共同目标而奋斗的战友，一起吃住，一起克服困难，每个人都干劲儿冲天。"王寿永说，"只要能尽快解决香港同胞的缺水问题，再苦也觉得没什么。"

工程建设过程中还需应对接连来袭的台风暴雨。一次强台风过程中，旗岭、马滩工地围堰先后 3 次被洪水冲垮。危急时刻，上万名施工人员主动组成抢险队，抢修围堰，坚守坝基，鏖战一天一夜水势才逐渐平息，最终成功保住坝基。

饱含激情、艰苦奋战的上万名建设者中，还有这样一个特殊群体：84 名广东工学院农田水利专业学生。

"看到香港同胞吃水紧张，工程又跟所学专业相关，我们都义无反顾""这是一个很难得的机会，让我们去，我们就去"……在那个专业人员奇缺的年代，这些大学生毅然决然打起背包，住进工棚，用汗水、泪水乃至鲜血和生命，把青春岁月最重要的那篇论文写在了东深供水工程之上。

1964 年 10 月强台风登陆广东。夜里 12 点，工程下游的水位直逼围堰顶部，若未及时关闭雁田水库泄洪闸，有垮堰危险。暴雨破坏了本就脆弱的通信设备，参建学生之一陈汝基自告奋勇去水库传递信息。

"最后一段低洼路，积水已经到了齐胸口的高度，车过不了只能步行。我们靠着路旁的树作导向，一步一步往前移，300 多米走了半小时。终于在凌晨 2 点多钟，赶到雁田工段，指挥关闭了泄洪闸。"回忆起在暴风雨和一片汪洋中艰难跋涉的情形，已经 82 岁的陈汝基仍感惊心动魄。

更加让人感怀的还有逝去的生命。在应对台风、努力抢工期的过程中，罗家强同学冒着狂风暴雨继续坚守在沙岭工段近 7 米高的闸墩，后来不慎跌落，献出了年轻的生命。

最美芳华，深情绽放。下乡知青、农民、大学生、工人……这些施工建设的生力军，临危受命，鏖战在最前线，为解决几百万港九同胞的饮水难题，作出了不可磨灭的历史性贡献。

1965 年 3 月 1 日，满载祖国人民深情厚谊的东江水，沿着新建成的东深供水工程，在石马河一路倒流，一路提升，一路欢歌，流进香江，彻底终结香港缺水历史。曾经街闻巷知的歌谣中，那句愁云笼罩的"唔知几时没水荒"也终于有了历史的答案。

扩建改造共护清流

托起粤港"生命之源"

碧波微漾，水鸟翩飞。暮春时节的深圳水库，四周绿意葱然。

这里是东深供水工程的最后一站，也是向香港、深圳供水的调节水库，水质常年优于国家地表水 II 类水标准。

"远远能看到的那座山就是香港了，我们这里检测的水质有多好，到香港去就有多好。"水库大坝上，广东粤港供水有限公司原董事长徐叶琴自豪地说。

1974 年至 1994 年间，在香港经济社会快速发展、人口不断增长的形势下，东深供水工程进行了 3 次扩建，供水能力提升了 20 多倍，基本可以满足香港及工程沿线各地用水需求。

但新的挑战又来了。20 世纪 90 年代，珠三角一带经济发展迅猛，有些未经处理的污水流入东深供水河道，供水水质面临严峻威胁。如何迅速并彻底改善水质？对工程进行改造！

东深供水工程建设者再次担负起新的时代使命。

工程要将原来的天然河道和人工渠道输水改为封闭专用管道输水，实现清污分流。这对工程来说，是重生式的改变。

广东省水利电力勘测设计研究院有限公司副总经理、总工程师严振瑞说，51.7 公里的路线，勘测设计人员来回走了数百次，行程上万公里，大家朝着打造精品的共同目标不断论证优化。

从太园泵站开始，建设者们遇山建隧、平地搭渠，先后克服了"头顶水库""脚踩淤泥""腰穿公路"等一系列复杂难题，攻克了无数专业壁垒，短短 3 年时间重新修建了一条现代化的供水通道。改造工程率先采用了同类型最大现浇预应力混凝土 U 形薄壳渡槽等 4 项先进技术，创下了当时的"世界之最"，确保了 2.2 万多个单元工程 100% 合格。

2003 年 6 月 28 日，东深供水改造工程顺利完工通水。当年的建设者之一，如今 83 岁的原广东省水利电力勘测规划设计研究院副总工程师林振勋，还记得按下通水按钮时的心情："从规划勘测到设计施工整整花了 6 年多时间！东深人终于又以一项堪称世界一流的输水工程把更晶莹的生命之源送到了香港，送到了千家万户。"

在深圳水库库区，还有一个个巨大的长方形池子——原水生物硝化处理工程，同样被林振勋记挂。

"生物硝化池是为确保供水水质的应急工程建设的，我们前后花了一年左右的时间，相当于在'清污分流'改造启动前，给深圳水库加装了一个净水器，多重保障供港水质。"林振勋说。

"东江的水质怎么样？"2014 年全国两会，习近平总书记参加广东代表团审议时，也表达了对这一泓碧水的牵挂。

斥巨资建设清污分流改造工程、出台 10 余部专门法规文件、忍痛拒绝许多工业项目避免污染……东深供水工程不仅成为香港珍贵的"生命线"工程，也给全国跨区域调水以及水质保护工作树立了典范。

此外，广东与香港建立起频繁的磋商和交流制度，保障了粤港供水机制从上到下的良好运作。2020 年底，广东省水利厅与香港发展局签署了《关于从东江取水供给香港的协议》，确立了对港供水的年均供水量、计量方式等相关事项，以制度形式保障对港安全稳定优质供水。

汲取"东深精神"

接续奋斗新时代

每次从上水乘坐火车到深圳时，香港青年王聪颖总会被窗外的大型输水管道吸引："我们不用经历困扰祖辈的苦况，但不能视之为理所当然。香港年轻人应多了解东深供水，深刻体会香港发展与国家的紧密关系。"

自 1965 年 3 月通水以来，东深供水工程不间断安全优质对港供水 2 万多天、超 260 亿立方米。

江水无言，深情如斯。在岁月流徙中，东深供水工程流淌不息的"生命之水"，逐渐融入内地和香港同胞的血脉深处。通过供水合作、经贸合作、科技文化交流、人员密切往来，粤港两地相互了解，亲情与互信日益提升，两地经济社会发展和民生福祉得到极大改善。

这项重大工程背后，站立着千千万万平凡又不凡的建设者。他们拼搏奋斗的故事，激励了一代代特区建设者敢闯敢试、勇立潮头；他们真挚的爱国情怀，感召了广大香港民众饮水思源、爱国爱港；他们代代接力传承，凝聚起推进粤港澳大湾区建设的磅礴力量。

其难可知，其情动人。全国侨联副主席、中国和平统一促进会香港总会理事长卢文端说，东深供水工程是中央为解决香港同胞饮水困难而兴建的跨流域大型调水工程。香港同胞饮水思源，不会忘记建设者的忘我付出和辛勤劳动，香港和内地甘苦与共、命运相依的同胞情谊只会更加深厚。

香港区青年联盟主席胡志禧感慨，没有东江水稳定供港，可能就不会有香港人引以为傲的健康长寿，更没有香港今天的繁荣。

被"东深精神"影响的还有新一代建设者粤港供水有限公司生产技术部"85后"经理佟立辉："前辈们打下了非常好的基础，无论是工程质量，还是东深人的情怀，对我们现在的工作团队都是非常大的鼓舞和鞭策。精心守护这条对港供水保障线，我们责无旁贷！"

曾参与东深供水改造工程的严振瑞，眼下正带领团队加快推进珠江三角洲水资源配置工程相关课题的联合攻关。工程建成后，将为粤港澳大湾区的建设发展提供重要的水安全支撑。

如今，身处百年未有之大变局，粤港澳大湾区的宏伟蓝图已然绘就。作为粤港澳基础设施互联互通的重要一环，东深供水工程也承担起新时代的历史使命，而闪耀着不朽荣光的"东深精神"也将伴随新一代的建设者，传承不息。

李希马兴瑞会见"时代楷模"东深供水工程建设者群体先进事迹报告团成员

记者 徐林　通讯员 岳宗

《南方日报》　（2021年5月21日）

近日，中共中央宣传部决定授予东深供水工程建设者群体"时代楷模"称号。5月20日，"同饮一江水 浓浓家国情"——"时代楷模"东深供水工程建设者群体先进事迹报告会在广州举行。会前，省委书记李希、省长马兴瑞会见报告团成员。

李希代表省委、省政府向东深供水工程建设者群体获评"时代楷模"表示祝贺，并向参与工程建设的几代建设者们致以敬意与感谢。他说，东深供水工程是党中央着眼于解决香港同胞饮水困难而兴建的跨流域大型调水工程，20世纪60年代以来，一代代工程建设者不忘初心、牢记使命、接续奋斗，参与工程建设和运行维护，充分彰显了忠于祖国、心系同胞的家国情怀，勇挑重担、攻坚克难的使命担当，不畏艰苦、甘于付出的奉献精神。当前，全省上下正深入学习贯彻习近平总书记对广东系列重要讲话、重要指示批示精神，扎实推进"1+1+9"工作部署，加快打造新发展格局战略支点，奋力推动广东在全面建设社会主义现代化国家新征程中走在全国前列、创造新的辉煌，希望大家继续担当好建设守护香港供水生命线的光荣使命，继续发扬先锋模范的示范作用，为"一国两制"实践作出新的更大贡献。一是牢记初心使命，倍加珍惜荣誉，结合开展党史学习教育，始终保持艰苦奋斗的昂扬精神，坚定不移做党的光荣传统和优良作风的忠实传人。二是传递好接力棒，细之又细抓好东深供水工程运维管理，在支持港澳保持长期繁荣稳定、更好融入国家发展大局中发挥积极作用。三是响应时代号召，积极投身"双区"建设，在助力全省打造新发展格局战略支点中作出新的贡献。省委、省政府将一如既往大力支持东深供水工程运维管理。有关部门要进一步加强对接、做好服务，为东深供水工程发挥更大作用创造良好条件。

报告团团长、省水利厅原副巡视员熊振时介绍了东深供水工程建设者群体先进事迹，报告团其他5位成员作发言。大家一致表示，将以高度的政治责任感讲述好建设者们的先进事迹，广泛弘扬家国情怀、使命担当和奉献精神，更好激励全省干部群众鼓起迈进新征程、奋进新时代的精气神，以优异成绩庆祝中国共产党成立100周年。

省领导张福海、陈建文参加会见。

（2）对香港供水 50 年媒体报道精选

东江水供港 50 周年纪念仪式
在港举行

梁振英朱小丹陈雷张晓明出席纪念仪式

记者 谢思佳　通讯员 符信
《南方日报》　（2015 年 5 月 29 日）

28 日下午，广东省政府、香港特别行政区政府在香港特区政府总部举行东江水供港 50 周年纪念仪式。香港特别行政区行政长官梁振英、广东省省长朱小丹、水利部部长

陈雷在仪式上致辞。中央人民政府驻香港特别行政区联络办公室主任张晓明、广东省副省长邓海光出席仪式。

为解决香港水资源匮乏和饮用水困难的问题，国家决定建设东深供水工程，并于 1965 年 3 月 1 日正式向香港供水。50 年来，粤方耗资近百亿元对工程进行三次扩建和一次全面改造，累计对港供水近 230 亿立方米，占香港年食用水量 70% 至 80%。

梁振英表示，50 年来从未间断过的东江水体现了国家对香港一贯的关怀和支持，体现了香港与内地密不可分的关系，体现了广东

同胞对香港同胞的特殊照顾。通过此次纪念活动，不仅可以让社会各界充分认识到淡水供应的重要性，同时，回顾东江供水的过去和展望未来，更可以让大家具体地认识香港与内地、香港与国家关系的本质。面对未来各种新挑战，粤港两地必须坚持同饮一江水的信念，继续完善可持续水资源管理和善用东江水资源。他希望继续全面加强粤港合作，为两地人民创造更多福祉。

朱小丹代表广东省政府对参加纪念仪式的嘉宾表示欢迎，对50年来为香港供水工作付出辛勤努力的广大工程建设者、管理者以及社会各界人士致以崇高敬意。朱小丹表示，50年来，广东省政府认真贯彻落实国家部署要求，始终把做好对港供水工作作为重要责任、重大使命，确保对港供水充足的水量、最好的水质和合理的水价。同饮东江水，粤港一家亲。广东将一如既往地采取最严格的管理措施，确保为香港提供持续不断、安全优质的水源。期待与香港特区政府更加务实、更加高效地推进各领域更紧密合作，持续不断为广东转型升级和香港繁荣稳定提供新动力、增强正能量，携手共创粤港更加繁荣美好明天。

陈雷代表水利部对出席仪式的嘉宾表示欢迎，对50年来为东深供水工程作出突出贡献的各界人士表示感谢。他指出，中央政府对东江水供港工作高度重视、倾力支持，沿线各地顾全大局、通力合作，这充分体现了内地对香港的深厚情谊，见证了内地同胞与香港同胞血浓于水的骨肉亲情。水利部将与广东省一道，通过科学统筹调度、优先满足香港用水需求，开源节流并重、保障东江水供港总量，强化水源保护、维护东江供港一渠清水，加强运行管护、确保工程效益持续发挥，密切协调配合、凝聚保障水安全强大合力等措施，着力做好东江水供港各项工作，为香港的繁荣稳定和民生福祉作出更大贡献。

纪念仪式上，香港发展局和广东省水利厅负责人签署了关于从东江取水供给香港有关协议。

当天下午，朱小丹还前往粤海集团香港总部调研。朱小丹充分肯定粤海集团近年来在深化国企改革、化解经济下行压力、促进企业发展上所取得的成效。他强调，粤海集团要积极稳妥推进主营业务结构和资产配置结构的调整优化；以发展产业金融板块为突破口，加快培育和提高国有资产投资运营功能；进一步深化改革，不断完善法人治理结构和风险管控机制；围绕"一带一路"加强企业发展策划，加快打造跨国公司的步伐。

悠悠东江润紫荆

——写在东深供水工程对港供水 50 年之际

南方网讯（通讯员粤水轩） 2015 年 5 月 28 日，香港特别行政区政府总部会议室内灯火辉煌、欢声笑语，近百名嘉宾欢聚一堂。

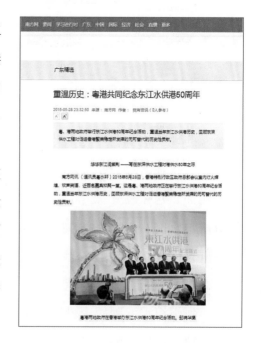

这是粤、港两地政府正在举行东江水供港 50 周年纪念活动，重温当年东江水供港历史，回顾东深供水工程对促进香港繁荣稳定所发挥的无可替代的历史性贡献。

50 年前的 1965 年，全国最大的跨流域大型调水工程——东深供水工程建成正式对香港供水，彻底终结香港严重缺水的惨痛历史，开启香港经济社会发展的新纪元。经济飞速发展，一跃成为亚洲"四小龙"之一，"东方之珠"从此闪耀世界，惊艳全球。

50 年的风风雨雨，东深供水工程曾面临多次严峻挑战与考验，经过多次扩建与改造，经历许多变与不变，对港供水累计超过 225 亿立方米，相当于搬动 1.5 个洞庭湖，为香港的繁荣稳定作出历史性贡献。

粤港两地政府在香港举办东江水供港50周年纪念活动。
（邹锦华 摄）

让我们穿越历史的时空隧道，共同追忆东深供水工程的前世今生，一起感受香港与内地血浓于水的同胞情谊。

奇特之城　同胞之困

香港，以其奇特的历史背景、东西交融的文化和色彩斑斓的现实世界将自己装点得独到而优雅，被誉为世界"购物天堂"、全球航运中心和金融中心。

然而，这个位于太平洋西岸，面朝南海，背靠珠江出海口，几乎被水包围的小城，却因为"缺水"而饱受煎熬，曾经面临生死存亡的重大危机。

香港曾流传着这样一首民谣："月光光，照香港，山塘无水地无粮，阿姐担水，阿妈上佛堂，唔知几时没水荒"。这是50年前香港遭遇缺水危机时的真实写照。

被水包围的小城，为何还闹水荒？这还得从香港奇特的地理位置说起。

香港三面环海，共有岛屿230个，总面积103.4平方公里，年降雨量2224.7毫米。但由于河流和地下水稀少，饮用水主要以山涧水和雨水为主，而降雨时空分布又极为不均，80%的降雨量集中在夏季，并缺少储水设施，从而导致这个弹丸之地淡水奇缺，每遇大旱，水荒必至。历史上曾多次出现严重水荒，如1902年、1929年、1963年等。干旱、缺水、水荒，在当时几乎成为香港的常态，并严重制约香港经济社会的发展。

最值得一提的是，1962 年底，香港出现自 1884 年有气象记录以来的最严重干旱，并一直持续至 1963 年。特大干旱导致山涧水断流、山塘干枯、田地龟裂，市民用水每四天供应一次，350 万人的生活陷于困境，成千上万人逃离家园。香港正遭遇开埠以来的最严重的生存危机。

据 1963 年 6 月香港《文汇报》报道，由于缺水，香港织造业及漂染业减产三至五成，农业损失 1000 万港元，13 个行业停工减产损失达 6000 万港元，饮食业大受打击，数十万工人生活受到威胁。

严重的水荒还造成某种程度的社会动荡！

据香港《明报》报道，1963 年 6 月 28 日，第一宗霍乱在香港被发现，到年底，全港共发现霍乱 115 起，每天都有许多剧烈呕吐者被送至医院，严重者脱水病危；除霍乱外，其他肠道传染病如痢疾、肠热及伤寒疫症也有爆发的趋势，三伏天口罩脱销，熟人见面也是匆匆而过不敢多谈。这一切都是由恶劣的卫生环境引发，缺水是主要的祸源。

水荒让社会变得不和谐，习惯现代生活的市民也不顾斯文，许多人为了争水甚至有人大打出手，在 1963 年，抢水械斗的新闻已不算新闻：《大砌村街喉有水霸，身怀暗器实行武装取水》——港九有两起为水而战伤四人（香港《文汇报》1963 年 5 月 11 日报道）。

特大水荒让港英政府遭遇严峻挑战，他们也采取了不少措施，如海水淡化、开挖水井、修筑水塘等，用尽所有办法都不奏效。宗教团体做法事祈雨，失败！用飞机播撒催雨剂人工降雨，失败！开挖的水井挖出的却是泥浆。

万般无奈之下，港英政府不得不派船每日奔赴珠江口取淡水，用"远水解近渴"。但由于僧多粥少，杯水车薪。港英政府不得不实施严厉控水措施（香港称"制水"），每4天供水1次，每次只供4个小时。全港350万居民顿时苦不堪言，度日如年。

因为缺水，香港一度沦为臭港、死港，几乎陷入绝境！

香港告急！紫荆凋零！

骨肉之情　倾力相助

就在香港同胞遭遇缺水危机之际，祖国母亲及时伸出援手，用温柔的母爱倾力相助，帮助香港同胞挺过难关，并彻底终结香港严重缺水的悲惨历史。

在港英政府毫无办法解决香港水荒的情况下，向广东省政府提出派船到珠江口取用淡水的请求，用"远水解近渴"的无奈之举，解燃眉之急。广东省政府很快答应请求，允许港英政府在珠江口免费取水。

据记载，1963年6月到1964年3月期间，香港派船来珠江运水的油轮共约1100艘次，为香港运送淡水30多亿加仑。

其实，对香港缺水问题，祖国母亲一向十分关注，并一直采取措施帮助解决。

1963年6月，港英政府征得广东省政府同意，派船到珠江口运淡水。（图源：《点滴话当年——香港供水一百五十年》）

1950年，有香港企业家通过某些渠道向中央政府反映香港缺水情况，希望帮忙解决缺水问题。周恩来总理高度重视，从广东引水到香港事宜提上国务院议事

日程。但由于意识形态的
原因，港英政府反应冷淡。
此事一直未有进展。

随着香港缺水问题日
益严峻，以及香港企业家
不断上书港英政府，1960
年终于出现了转机。

1960 年 4 月 15 日，

1960 年 11 月 15 日，广东省与港方签订第一份供水协议。
（广东粤港供水有限公司供图）

港英政府派代表到深圳与广东省政府洽商供水给香港的问题。会谈
相当成功，双方一拍即合，初步达成了深圳水库供水香港的协议！

据《东江—深圳供水工程志》记载，1960 年 11 月，广东与港
英政府签订协议，每年由深圳水库向香港供水 2270 万立方米。在
1963 年大旱缺水期间，广东省政府除允许港英政府派船只到珠江口
免费取水外，还同意由深圳水库增加对港供水 317 万立方米。

内地淡水的输入，在一定程度上缓解香港缺水困境，但未能从
根本上解决问题。因为深圳水库蓄水量毕竟有限，同时还担负着给
内地供水和灌溉的重任，很难满足香港用水需要。1963 年的旱灾又
将香港缺水的窘境暴露无遗。

似乎，要彻底解决香港缺水的难题，由广东东江引水到深圳水
库，建设东深供水工程是唯一的选择。

从广东引水到香港事宜再次提上议事日程。

广东省水利电力厅为此做了大量前期工作，拟定了 3 个从东江
引水到深圳水库的方案，通过多方比对，最后确定将东江水沿石马
河分级提水倒流至深圳水库的方案为最佳方案。

该方案从东莞桥头镇东江边取水，通过 6 个拦河坝、8 个抽水

站以及 83 公里的输水河（石马河）、渠和管道，把东江水提升 46 米后，汇入深圳水库。

1963 年 12 月 8 日，周恩来总理出国访问路过广州。专门听取广东省委、省政府关于引东江水到香港的工作汇报。广东省水利电力厅厅长刘兆伦向总理汇报了 3 个引水方案，并重点分析石马河分级提水方案的优势与困难。

周总理听完汇报后，当即拍板决定采用石马河分级提水方案，由中央人民政府从援外经费中拨出 3800 万元人民币兴建。并要求国家计委等相关部门大力配合和支持工程建设。

万人奋战 一年建成

1964 年 2 月 20 日，全国最大的跨流域调水工程，改写香港发展历史的命运工程——东深供水工程破土动工。

根据计划安排，施工期只有 1 年，工程施工工作面基本都在石马河河床进行，而此时正值春季，施工期跨越整个汛期，期间经历 5 次台风暴雨洪水的袭击，特别是 1964 年 10 月中旬的 23 号台风，持续时间长，导致石马河出现 50 年一遇洪水，旗岭、马滩工地围堰先后 3 次被洪水冲垮，给整个工程施工带来极大困难。

为了加快施工进度，工程建设指挥部调集 2 万多工程建设者，日夜奋战在工地上。全国各有个部门和工程所在地干部群众都给予大力支持。为工程加工制造机电设备的上海、西安、哈尔滨等 15 个省市的 50 多家工厂、广东几十家工厂以及铁路、公路、水运及民航等部门通力合作，优先为工程设备进行加工和运输安装。

值得一提的是，为了支援工程建设，广东工学院（现广东工业大学）土木工程系的 2 个大四班的 80 多名学生，也加入建设大军，于 1964 年 4 月 7 日进驻工地，参与施工，成为工程建设的生力军。

1964 年，东深供水首期工程建设的情形。（广东粤港供水有限公司供图）

"那时我们 3~4 个人分成一组，安排在石马河沿线的各个工段，施工、测量什么都干，吃住都在工地上"，曾参与工程建设的广工大四班学生谢念生深情回忆说。

据谢念生回忆，为了使工程早日建成通水，使香港同胞喝上东江水，解除缺水之困，他们 5 次推迟返校复课的时间，在离 11 月 7 日最终返校复课的时间只有 2 周的时候，意外发生了！

"10 月 13 日，23 号台风突然来袭，在沙岭工段，一名男同学在近 7 米高的闸墩施工时，不慎坠下，经抢救无效，献出年轻的生命。"出师未捷身先死，长使英雄泪满襟，每次谈起此事，谢念生总是泪流满面，泣不成声。

经过社会各界的大力支持和全体建设者的共同努力，工程于 1965 年 2 月建成，投入资金 3584 万元，比原计划节约 200 多万元，年供水能力 6820 万立方米。

该工程位于东莞和深圳境内，取水点在东莞桥头镇东江边，通过 6 个拦河坝、8 个抽水站以及 83 公里的输水渠（石马河），把东江水提升 46 米后，汇入深圳水库，然后经过 3.5 公里的输水钢管与香港供水系统对接。

1965 年 2 月 27 日，东深供水工程落成大会在东莞塘厦举行，

1965年2月27日，在东莞县举行东深供水工程完工仪式。（广东粤港供水有限公司供图）

港九工会联合会及香港中华总商会向大会赠送"饮水思源，心怀祖国"和"江水倒流，高山低首；恩波远泽，万群倾心"两面锦旗，表达了香港同胞对祖国母亲和人民的无限感激之情。

1965年2月，香港工务司官员邬利德等3人在参观东深供水工程后，大加赞叹："这个工程是第一流头脑设计出来的。"并称："这个工程对我们来说的确是一个保险公司，对香港有很大价值。"

河水倒流　水润香江

百里清渠，长吟慈母摇篮曲；千秋工程，永谱香江昌盛歌。

1965年3月1日，满载祖国人民深情厚谊的东江水，沿着新建成的东深供水工程，在石马河一路倒流，一路提升，一路欢歌，流进深圳水库、流进香江、流进香港同胞的心田。

香港，从此终结缺水历史；香江，从此改写历史；紫荆，从此璀璨艳丽；同胞，从此改变命运。

东江水的到来，极大促进香港经济社会的快速发展，经济建设一日千里。

"由60年代发展到现在2015年，我们（香港）人口由300多万增加到现在差不多800万，总产值由以前的140亿增加到现在20000多亿元，增长了150多倍，都是有赖国家引东江水来香港。"

香港特区政府水务署前副署长吴孟冬深有感触地说。

经济的飞速发展，使香港一跃成为亚洲"四小龙"，成为国际商业中心、国际金融中心和全球航运中心，被誉为世界"购物天堂"。

随着香港经济社会的快速发展，人口不断扩张，东深供水工程当初的设计供水量，已难于满足需要。

为满足香港、深圳和东莞等地用水需求，东深供水工程曾先后进行了三次扩建和一次改造。

第一期扩建：1974年3月至1978年9月，工程投资1483万元，年供水量达2.88亿立方米，其中对港年供水量增至1.68亿立方米。

第二期扩建：1981年10月至1987年10月，工程共投入2.7亿元，年供水量达8.63亿立方米，其中对港年供水量增至6.2亿立方米。

第三期扩建：1990年9月动工，1994年1月通水。工程总投资16.5亿元，年供水量达17.43亿立方米。

进入20世纪90年代，随着东莞、深圳等东深供水工程沿线经济迅速发展和人口快速增长，大量未经处理的污水流入东深供水河道，严重影响东深供水水质，东深供水工程面临严峻挑战。

为彻底解决这一问题，同时适当增加供水水量，广东决定对东深供水工程进行全面改造。将供水系统由原来的天然河道和人工渠道输水变为封闭的专用管道输水，实现清污分流。

东深供水改造工程总投资49亿元，年设计供水量24.23亿立方米。2000年8月28日开工兴建，2003年6月28日完工通水……

自1974年3月以来，东深供水工程经过三次扩建和一次改造，不仅使供水能力达到24.23亿立方米，而且实现了清污分流，确保供水水质免受污染并优于国家地表水Ⅱ类水水质标准。

东深供水工程建成通水50年来，实现量足、质优不间断供水超

225 亿立方米，为香港的繁荣稳定作出无可替代的历史性贡献。

凝聚合力　守护清流

为确保对香港供水安全，广东可谓不遗余力，除投巨资对工程进行扩建、改造外，还在东江水资源管理、配置、调度和保护等非工程措施方面下足工夫。东江沿线各级党委政府和群众积极行动，合力护水，作出了巨大牺牲；工程管理单位——粤港供水有限公司精益求精，科学管理，共同奏出香江昌盛歌。

为了管好东江水资源，2008 年，广东专门成立东江流域管理局（以下简称"东江局"），对东江流域水资源实行统一管理、配置、调度和保护。

东江局负责人指出，水量调度对确保流域供水安全特别是对香港供水安全至关重要。东江局成立以来，把水量调度作为保障流域供水安全的主要抓手，通过水量科学调度，每年枯水期东江流域新丰江、枫树坝和白盆珠三大水库可调水量可达 50 多亿立方米，在实施水量调度前是不可想象的，这对确保对港供水安全，具有十分重大的意义。

与此同时，广东在东江流域率先建成全国首个水质水量双监控系统，对水资源实施精细化的管理、调度和保护，进一步提高供水保障率，确保供水安全。

除成立东江局外，广东还成立多个机构，目标高度一致——确保对港供水安全。

1995 年，成立东深水质保护领导小组，每年牵头组织召开东江水质保护工作会议。在此基础上，成立了广东省环保厅环境监察局东江分局，负责查处东深供水工程沿线和东江流域污染环境违法行为；组建深圳市东深水源保护办公室，负责本市辖区内东深供水工程水源保护区的环境保护工作；成立深圳市公安局东深分局，负责东深供水工程安全保卫及协助水质保护等。

据了解，1991年至今，广东省人大、省政府先后出台了13个法规及文件以保护东深供水水质。一个省为一条河、一个工程专门颁布如此多的法规，在全国实属罕见。

为了保护东江水，东江流域内各级党委政府和群众积极行动起来，采取各种措施合力护水，作出巨大努力，付出巨大代价。

河源新丰江水库是对港供水的主要水源，记者乘船在库中看到，水库水体清澈，库中鱼类清晰可见。据河源环境监测站监测室主任欧志海介绍，他们每个月都会开着小艇，带上水质分析仪在库区采样，监测66项数据是否超标。从2007年开始监测以来，水库的水从来没有低于国家I类水标准。

河源市政府有关领导说，为了保护新丰江水库这盆水，河源市做出巨大牺牲，婉拒了500多个总投资600多亿元的重污染工业项目落户。

河源市水务局副局长赖寿雄介绍，河源市已经累计投入23亿元用于水资源保护，2015年至2020年计划再投入33.5亿元，整治全市204条中小河流。

对东江水的保护，惠州市也没少下工夫！

近年来，惠州市多管齐下加强东江水质保护的工作，包括新建污水处理厂、提高环保准入门槛、加强东江水生态系统保护、整治畜禽养殖污染、开展河涌整治等。

"为保护东江水质，仅去年一年，惠州市就否决了不符合环保要求的179个项目，否决率达11%。这些项目投资至少1亿元，有的高达几十亿元。"惠州市政府有关领导介绍说。

加大治污工程建设力度，减少排入东江干流的污水，是保护东江水的最有效措施。惠州市为此兴建了74座污水处理设施，建成截污管网近1500公里，日处理能力达148.55万吨；建成2座生活污泥处理设施，日处理能力达1080吨。

世界工厂——东莞，其治污保水力度前所未有！

东深供水工程，绝大部分都位于东莞境内。因此，对水质的保护，东莞显得尤为重要。

"东莞对保护对港供水水质是一种自觉、自愿的行动，也是竭尽全力。"东莞市政府有关领导介绍说。东莞这样说，也是这样做。

据了解，为最大程度减少石马河流域污染对东江水质的影响，东莞市近年投资7.08亿元在石马河流域建成12家污水处理厂，投入3.6亿元改扩建流域内桥头、谢岗等5家污水处理厂，每年处理污水约2.19亿吨，出厂水水质达到国标一级A标准。完成流域7镇截污次支管网专项规划编制，建成截污主干管网163.78公里，未来两年还将重点建设200公里截污次支管网，进一步提高污水收集率。

为避免石马河污水流入东江，东莞市于2005年建成石马河调污工程，通过建设橡胶坝截住石马河污水并将其调入东引运河，年调污总量约9亿立方米，大大减轻了对东深工程取水口水质的影响。在此基础上，投资8.1亿元启动石马河河口东江水源保护工程建设，将橡胶坝改造为拦河节制闸等措施，工程建成后，调污最高水位将由现在的4米提高到7米，大大提高调污能力，基本消除石马河在洪水期间污水漫坝流入东江的现象。

广东对水资源的保护，从来毫不含糊。"从水资源的保护来说，我们做了大量的工作，一个是实行严格的水资源保护制度，还有一个水功能区的划分非常严格，有非常完备的规划、制度和措施。"广东省水利厅相关负责人说。

位于深圳水库入口处的生物硝化处理工程。（广东粤港供水有限公司供图）

俗话说："三分建设，七分管理"。对负责东深供水工程管理的广东粤港供水有限公司（以下简称"供水公司"）来说，确保对香港供水安全，责任大于天。管理工作不能有丝毫的马虎。

为保障工程安全运行，东深供水工程管理有许多"与众不同"，重要设备"成双成对"。

供水公司塘厦部副总经理黎太笋介绍说：为确保对港供水不中断，这里的设备24小时开机，在电力、机组、通信上全部建立备份设施，做到双电源、双机组、双调度、双通信。

为保证安全优质供水，供水公司成立了水质保护专业机构，专门负责水质保护工作；加强值班巡查，对东江取水口每半小时进行一次观测，东江取水口上游约30公里范围每日巡查一次，深圳水库一级保护区范围每日巡查一次，随时掌握水质变化情况，及时采取相应措施。加强水环境监测中心能力建设，更新设备设施，增配技术人员。

据供水公司水环境监测中心主任林青介绍，为及时掌握对港供水水质动态，他们对供港水每日1次，检测4个指标；每周2次，检测10个指标；每月1次，检测30个指标；每季度1次，检测特

广东在东江流域率先建成全国首个水质水量双监控系统。
（邹锦华 摄）

定指标。多年来的检测表明，对港供水水质一直优于Ⅱ类水。

严格科学的管理创造奇迹！"50年来，我们不仅从未中断过对香港、深圳和东莞的供水，同时，依托沿线各地政府部门和社会公众的支持，东深供水水质一直稳定保持并优于国家地表水Ⅱ类水质标准"。供水公司董事长徐叶琴说。

遭遇挑战　波澜不惊

50年的风雨，东深供水工程也曾面临多次挑战，遭遇波澜，但波澜不惊。

1991年，广东出现秋冬春连旱，旱情特别严重，江河水位锐减，东江出现新中国成立以来最低水位，东深供水工程运行受到严重影响，供水严重不足，难于同时满足香港、深圳、东莞的用水需要。

为了确保对港供水安全，不得不压减深圳、东莞的供水量，保障香港供水。

许多深圳市民看见深圳水库还有水，而自己又无水可用，委屈不解。

曾在深圳市政办公室（自来水主管部门）工作的曾思远告诉记者，当时为了解决群众用水，只好动用消防车到别处运水，他和同事也加入为市民送水的行列，从消防车接水，帮市民提上5～6楼。

90 年代中期，由于东江遭遇过度采砂，河床下切，水位降低，在枯水期遭遇旱情，东深供水工程有时无法抽取东江水。

为了确保对港供水，广东省水利厅果断采取措施，于 1996 年在东江取水口下游不远处临时修筑过水壅水浅滩，壅高水位，再利用潜水泵协助抽水，实现应急供水，挺过难关。

之后，又投巨资，建设太园抽水站，进一步降低抽水水位，确保在任何水位下都能抽水，保障对港供水持续不断。

90 年代，东莞经济处于高速发展期，并对环境造成巨大压力，有些未经处理的污水对供水构成威胁，东深供水工程又面临严峻挑战！

为破解难题，确保供水质量，广东又投 2.8 亿元巨资，于 1998 年 12 月在深圳水库入库口建成世界最大、日处理 400 万吨的生物硝化站，从东江引来的水，全部经过生物硝化站过滤、净化化后再进入深圳水库。

据生物硝化站站长徐忠介绍，生物硝化站共有 6 条水体净化通道，每条通道有 14 万条生物填充料，水体经过填充料时，75% 以上的氨氮和有机物将被吸收，水体净化效果非常好，完全满足供水质量要求。

进入 90 年代后期，随着东江流域内经济社会的快速发展和人口的不断膨胀，东江水资源承载力已接近极限，水资源的开发利用达到 35% 的"安全红线"，已不堪重负。

为缓解东江流域水资源紧张局面，2008 年，广东出台《广东省东江流域水资源分配方案》，在东江实施水量分配，这在全省还是首次。目的是进一步加强东江流域水资源统一管理和调度，规范用水秩序，确保供水安全。

该方案分配给香港的用水量为 11 亿立方米，比香港目前的实际用水量 8 亿立方米，还要多出 3 亿立方米，这主要是考虑香港未来发展的需要。

"每年我们给深圳分配 16.63 亿立方米用水，但深圳实际使用率达到 17 亿立方米。东莞的分配指标是 20.95 亿立方米，也使用了 20 亿立方米左右。这些城市都要求增加用水指标，希望能从东江分配到更多水资源，但我们并没有做这样的调整，保障香港用水是最首要任务。"广东省水利厅负责人表示。

"广东省对港供水都是放在第一位，所以他供给我们的水量，都是我们需要多少，他就给我们多少，我知道有一个阶段，沿江城市两岸都是不够水资源的，但是对港供水就没有影响"，香港特别行政区水务署原副署长吴孟冬说。

无论遇到何种困难和挑战，始终把确保对港供水安全放在优先位置的，是祖国！是母亲！

50 年风雨兼程，东深供水工程成就了美丽的"东方之珠"，经历了许多变与不变。它变得更大、更美、更可靠；而不变的是，祖国母亲对香港同胞的关爱之情，以及日夜流淌的供港东江水。

（此稿刊登于 2015 年 5 月 28 日南方网等多家媒体）

中国水利报对港供水 50 年系列报道之一：

悠悠东江水　深情润紫荆

本报记者　陶丽琴　邹锦华

"清清的东江水，日夜向南流，流进深圳流进了港九 …… 东江的水啊东江的水，你是祖国引出的泉，你是同胞酿成的美酒……"一曲《多情东江水》，不仅唱出了祖国人民对香港同胞的骨肉深情以及无私关爱，也道出了东江水的滋养和润泽，使香港这一"东方之珠"更加璀璨夺目。

被香港同胞称为"生命之源"的东江水进入香港，源自 1963 年一场百年一遇的严重干旱。当年，一直倚赖山涧水和雨水饮用的香港水源几近枯竭，350 万人的生活陷于困境，成千上万人逃离家园。水荒使香港面临前所未有的生存危机。

香港水荒引起祖国的极大关注，更牵动了时任共和国总理周恩来的心。在港英政府的请求下，1963 年 12 月，经周恩来总理特批，中央财政拨款 3800 万元，建设东江—深圳供水工程，引东江之水济香港缺水之困。

此后,数以万计的工程建设者以"要高山低头,令河水倒流"的豪迈气概,艰苦奋战,开山劈岭,凿洞架桥。规模宏大的东深供水工程历时一年后宣告建成,它将由南向北流入东江的石马河水位逐级提升 46 米,使之倒流 83 公里进入深圳水库,再经 3.5 公里长的输水涵管送入香港供水系统。

1965 年 3 月,东深供水工程开始履行对港供水的使命,满载祖国人民深情厚谊的东江水翻过高山,越过田畴,流进香港千家万户,由此终结了香港严重缺水的历史。

"东深供水工程最初、最直接的目的,就是解香港缺水的生存之忧。最初供水规模也只有 0.68 亿立方米。"广东省水利厅供水总局局长周德蛟介绍说。得到东江水滋润的香港,经济进入快速发展的黄金期,经济发展用水和人口增加带来的居民生活用水急剧增加,短短几年,0.68 亿立方米的用水规模就根本不够用了。

面对三面环海、淡水资源极缺、发展受到制约的香港,中央政府鼎力帮助,广东省全力支持。20 世纪 70 年代以来,东深供水工程进行了四次大规模的扩建改造,供水规模也从最初的 0.68 亿立方米增加到 11 亿立方米。

东深供水工程不仅从根本上解除了香港居民生活用水的隐忧,也为香港经济注入了绵延不断的活力。

东深供水工程正式通水后,香港如鱼得水,经济飞速发展,一跃成为"亚洲四小龙"之一。

"1965 年,香港地区生产总值才 140 亿港元,2013 年则达到 21224.92 亿港元,增长超 150 倍。"香港特别行政区水务署前副署长吴孟冬在记者采访时,用数字来表达了东深供水对香港发展的重大意义。他认为，东深供水工程改变了香港缺水的命运。

实际上，东江流域除承担着对港供水的重任外，主要承担着河源、惠州、东莞、深圳以及广州东部地区的供水任务。尽管东深工程供水初期，东江水资源可以满足沿线供水需求，但沿岸几十年的经济社会发展也导致用水急剧增加，东江开发已逼近临界点。

广东省一份调研资料显示，目前广东省境内东江流域年平均水资源总量为 331.1 亿立方米，但年使用量超过 106 亿立方米，水资源的开发利用率已达到 35% 的"安全红线"。东江流域内人均水资源量仅为 800 立方米，按照国际评价标准属于缺水地区。

记者在采访时，沿线各地干部一致称对港供水是"生命水、政治水、经济水"。"虽然东江沿线城市对水的需求不断增长，但在水资源分配中仍优先保证香港用水。"周德蛟的话也正是 50 年来广东省以及沿江各地对对港供水的一致认识和做法。

不仅要让香港用水在量上有保证，同时，还要让香港居民喝上优质水，这既是广东省委、省政府的明确要求，也是沿线各地党委、政府的自觉行动。

20 世纪 80 年代以来，广东省作为改革开放的前沿，尤其是东江沿线，经济快速发展，同时，也带来了巨大的生态环境压力，东江水氨氮指标逐渐超标。迅速改善水质，消除对港供水隐患，成为当时对港供水的主要任务。

此后几十年，沿江各地开展了持之以恒的生态环境建设，治理水污染。为保一江清水，东江上游河源市，拒绝了 600 多亿元的项目。如今，对港供水水质保持在 II 类以上，100 多项水质检验指标都优于国家标准。

2000 年，广东省对东深供水工程进行全面改造，建设全封闭的专用输水系统，工程于 2003 年完工，为保质保量对港供水增添了重要保障。

一泓清碧向南流，深情共饮一江水。50 年的供水历程，见证了祖国母亲对香港发展的无私支持，对香港同胞的无比关爱。这种血浓于水的伟大力量将长期护佑香港的繁荣稳定，护佑香港居民的幸福生活。

（此稿刊登于 2015 年 5 月 19 日《中国水利报》要闻版，第 3631 期）

中国水利报对港供水 50 年系列报道之二：

河源：为保一库清水拒绝 600 亿元重污染项目

本报记者　陶丽琴　邹锦华

　　刚刚过去的"五一"小长假，广东河源市新丰江库区游人如织，人们在这里感受壮美的水域、纯美的水质、秀美的水色。新丰江水库还有另一个享誉东南地区的名字——万绿湖，因处处是绿、四季皆绿而得此美名。

　　许多游人不知道的是：河源市基于新丰江水库对港供水水源地这一政治使命而采取了更加严格的生态保护措施，近年先后拒绝了 500 多个总投资高达 600 多

亿元的重污染工业项目，使得万绿湖的绿色更加赏心悦目。

　　许多香港市民到河源考察后，对这里的水质很是放心：新丰江水库水质长期保持在国家地表水 I 类标准，东江干流河源段水质长期保持在地表水 II 类标准。

　　新丰江是东江最大的支流。建于 20 世纪 60 年代初的新丰江水

库，原本是一座以发电为初衷而建的大型水库，21世纪初，它的主要功能因对港供水而就此改变——这个有着138.96亿立方米库容、64.89亿立方米有效库容的水库，因其优良的水质和很好的调蓄能力，省政府从对港供水的大局出发，将水库功能以发电为主调整为以供水为主。这一调整使得河源生态建设上升到全市最重要的位置。

河源不仅有广东最大的水库新丰江水库，还有省内库容排名第二的枫树坝水库，这一地区的水资源保护对于对港保质保量供水十分关键。河源市为了更好地担负起这一崇高使命和历史责任，长期以来，全市上下始终坚持"既要金山银山，更要绿水青山"的理念，绝不以牺牲环境为代价换取一时的经济快速发展。

"为了香港同胞及深圳、东莞、惠州等东江中下游4000多万人的饮水安全，河源舍弃了许多发展机会。"河源市政府有关领导在记者采访时如此说道。

河源是经济欠发达地区，辖区内5个县都是省扶贫开发重点县，还有几十万人没有脱贫。人均GDP仅为全省人均水平的39.2%、全国人均水平的53.3%。就是这样一个经济状况的地方却抵住了一些不合生态要求却能带来经济快速增长项目的诱惑。

"对不符合国家产业政策和环保法规的项目坚决不予引进，对有污染特别是水污染、难治理的项目坚决不予接纳，对达不到清洁生产要求、排放标准和总量控制目标的项目坚决不予审批，禁止电镀、印染、皮革、造纸等项目落户河源。"该领导一席话道出了河源工业招商引资的标准。

外面的污染项目不让进来，保护生态的自我革命也在河源全面进行。东源县环保局副局长蒙毅告诉记者：以前东江上有不少餐饮船，为减少水体污染，东源县下决心清理，半年时间清理了31条非法餐饮船。考虑到被清理船主的生计问题，县里给每条餐饮船补贴3万元，还帮助他们办手续，出台优惠政策，鼓励其上岸经营餐饮业。

而林业部门的付出也很大。新丰江库区有林地 173 万亩，1000 多人从事木材加工，每年有几十万立方米的木材加工指标。"为了保护库区生态，林业部门以壮士断腕的决心，自停木材砍伐，以每年损失 500 万元的代价去换碧水蓝天。"广东省新丰江林业局副局长邱春青介绍说。

2011 年，河源在全省率先进行林业体制改革，全面实施封山育林，关闭了 4 家木材加工企业，直接导致 180 人下岗。近几年，河源市整治水库周边乡镇畜禽养殖场 32 家，关停养猪场 18 家，关闭采矿点 13 个，并依法拆除网箱养殖。"河源人民为保护东江水质做出了巨大牺牲。"蒙毅如是说。

据河源市水务局副局长赖寿雄介绍，河源市划分了 39 个水功能区，24 个饮用水水源保护区，并对水功能区和水源保护区树碑立界，明确在饮用水水源保护区内严禁建设与供水设施无关的各类项目，禁止在一级水源保护区内设立新的排污口。2013 年经省考核，水源保护区水质全部达标。

为保护水质保护生态，而保护生态则为东江中下游和香港地区贡献了更优质的水。能不能保护生态和发展经济兼得？

河源市政府有关领导对此做了介绍：如今河源市每个县都建了高新技术开发区，今后工业项目都将进入园区，污水集中处理达标排放。而保护生态给河源带来的后发优势已经显现。去年河源市生产总值增长 12.1%，增长速度居全省之首。

让河源经济在保护生态中稳健走远，这是河源人民的期待！也是社会各界的期待！

（此稿刊登于 2015 年 5 月 21 日《中国水利报》要闻版，第 3632 期）

中国水利报对港供水 50 年系列报道之三：

惠州：治河护水凝聚全民力量

本报记者 陶丽琴 邹锦华

"城在山水中，家在花园里"，这是广东惠州优美环境的真实写照。这幅美景的核心元素便是水。

惠州河网密布，不仅有流经境内 100 多公里的东江，还有遍布城乡纵横交错的几十条河涌。河网地区的特点，决定了惠州保护水环境的任务更重，范围更广。为了让清澈干净的东江水流入香江大地，惠州市投入巨资，持续开展东江支流、干流的水环境综合整治，不断改善东江水生态。

"金山河还没整治的时候，不仅河水乌黑，长年堆积的淤泥经雨水冲刷后发出的臭味，让人难以忍受，而且滋生大量蚊虫。"市区金湖苑小区住户刘永回忆起金山河以前的状况，仍紧锁眉头。

汇入东江一级支流西枝江的金山河，过去因污水直接排放，生态环境堪忧。2011 年底，金山河综合整治工程开工建设，完善沿河点式截污系统，新建截污管网，采取工程措施增加河水流动性。一年之后，一条"河畅、水清、岸绿、路通、景美"的生态长廊呈现在世人面前。如今，金山河重获新生，周边居民推窗见绿色，出门是公园。

作为市区首条整治的河涌，金山河综合整治工程拉开了市区 14 条河涌整治的序幕。这项工程仅市级投资就高达 100 亿元，计划在 2017 年基本完工。同时，惠州积极探索生态补偿新路子，市财政每年安排 1200 万元，专项用于补偿河涌水质达标或改善的县区，以提高各县区保护东江水资源的积极性。

在大力整治河涌水环境的同时，惠州市投入近 80 亿元对东江支流淡水河流域和潼湖流域进行综合整治，对污染源进行清理。

记者在采访时了解到，惠州市近年来推出了一系列加强东江水质保护工作的"组合拳"，包括新建污水处理厂、提高环保准入门槛、加强东江水生态系统保护、整治畜禽养殖污染、开展河涌整治等。

"为保护东江水质，仅去年一年，惠州市就否决了本来已经批准但不符合环保要求的 179 个项目，否决率 11%。这些项目投资至少 1 亿元，有的高达几十亿元。"惠州市政府有关领导介绍说，对于进入惠州的企业，严格按照国家环保标准准入。同时，加快重污染淘汰步伐，淘汰企业 147 家。惠州市虽然牺牲了一定的 GDP，但却较好地保护了东江水资源。

实施治污工程建设，尽可能减少排入东江干流的污水量，是保护东江水质最直接、最有效的措施。近几年，惠州市建成了 74 座污水处理设施，建成截污管网近 1500 公里，日处理能力达 148.55 万吨；建成 2 座生活污泥处理设施，日处理能力达 1080 吨。

生活污水经过收集管网抵达格栅，固体污染物被阻截后再逐一经过一级水解池、二级酸化池、三级厌氧池，最终消毒、排放……

谁能想到，这些原本在城市里才有的雨污分流系统，如今在惠州市博罗县湖镇镇东风村也运转起来。

2013年以来，惠州市开展"美丽乡村·清洁治污"行动，广大农村变了模样：生活污水处理了，多年积存的垃圾清理了；农村也像城里一样尝试垃圾分类，各镇各村垃圾收运形成了体系。

"水环境保护要大家参与才能干好。农村是水环境保护最为薄弱的环节，因此，水环境保护要扩展到农村地区，人人参与，全面覆盖。"惠州市环保局局长黄水祥如此说道。这也正是惠州市开展"美丽乡村·清洁治污"行动的初衷：凝聚全民力量保护东江水质。

目前，惠州全市农村已建设村垃圾收集点2万多个，实现了"一村一点"目标，并配备垃圾专用压缩车，确保乡镇农村垃圾日产日清。全市建成生活垃圾无害化处理设施6座，基本实现"一县一厂"目标，全市生活垃圾收集率、无害化处理率达到100%，最大程度消除了东江水污染隐患。

经过持之以恒的水生态建设，辅以加强宣传引导，从各级党委、政府，到普通市民和广大农村群众，保护东江水已成为共识，成为全社会的自觉行动。目前，东江干流惠州段水质稳定保持Ⅱ类水质标准，6个主要江河断面、15个主要湖库水质均达到功能目标要求，饮用水水源水质达标率100%。

（此稿刊登于2015年5月22日《中国水利报》要闻版，第3633期）

中国水利报对港供水 50 年系列报道之四：

广东东莞：世界工厂的护水之战

本报记者 陶丽琴 邹锦华

尽管从东莞桥头镇之后，东江水通过太园抽水泵站进入 68 公里的封闭管道直达深圳水库，但东莞属水网地区，任何一条河涌的水质恶化都有可能引发大的污染事件，危及对港供水安全。

东莞有着"世界工厂"之称，改革开放 30 多年来，东莞在实现经济腾飞的同时，也付出了沉重的环境代价。治理水污染，保护水环境，成为长期以来东莞各级党委、政府一项重要而又艰巨的工作。

据了解，早在 2006 年，东莞在东江沿线、各大水库取水点划定了 64 个水源保护区，并划定总面积达 1373 平方公里的畜禽禁养区。同时，在东江中上游地区和东深供水工程沿线禁止建设重污染企业，并全面清理东江沿岸垃圾场、砂石场，整顿沿河运输船、油船，组织专业清洁队伍，长期清理河面水浮莲及垃圾。在水库控制区，关闭、

搬迁工业企业，清拆水库集雨范围内的所有畜禽养殖场。

"对港供水对东莞来说是感情水、政治水、生命水。东莞与香港的渊源非常深。东莞的超高速发展受益于香港产业转移和服务贸易自由化。另外，从人脉、地理、经济社会发展等多方面，东莞与香港的关系非常密切。因此，东莞对保护对港供水水质是一种自觉、自愿，也是竭尽全力。"东莞市政府有关领导介绍说。

但在过去几十年以"项目为王"的东莞，治理水污染也绝非易事，必须依靠多种措施。近几年，东莞在水污染治理方面招数频出，强力遏制水生态环境恶化的势头。

东莞市先后投入 7.08 亿元，在石马河流域建设 12 家污水处理厂，并投入 3.6 亿元对桥头、谢岗等 5 家污水处理厂进行改扩建，日均处理污水能力达 73.5 万吨。石马河流域 7 镇已建成截污主干管网 163.78 公里，今明两年再建 200 公里次支管网，将进一步扩大污水处理设施的覆盖面，以减少上游石马河流域污水对东江水质的影响。

对港供水是在桥头镇附近取水，这一段的水质尤为关键。东莞市在一级水源保护区陆域边界铺设围网，对二级保护区内入河排污口排放污染物的企业进行清理，并对准保护区内产生严重污染的建设项目、垃圾填埋场等进行整改。

东江对港供水水质一直保持在 II 类优质水，2004 年，东莞市在桥头镇石马河出口处建了一座调污应急工程，实施临时调污，以避免石马河污水直接进入东江污染水源，保障香港、深圳、东莞和广州等地城市供水安全。

"调污应急工程的作用是将石马河污水与河道基流全部调入东引运河，之后经樟村水质净化厂集中处理，再从虎门入海。"东莞市水务局副局长刘毅聪介绍说。2009 年，东莞市水务局对调污工程进行改扩建，提升调污能力。近期还将再次对石马河调污工程进行改扩建，将调污能力从现在的 50 立方米每秒提高到 198 立方米每秒，大大减少石马河污水对东江的污染。

治污是一个长期的过程，可喜的是，东莞市现在改变了过去先污染、后治理，边污染、边治理的做法，坚持城市和产业发展规模与水资源承载力相匹配，从过去的"项目为王"走向生态至上。市里对产能在 20 万吨以下的造纸厂、水泥厂等鼓励退出，减少污染源。

实行"河长制"是东莞治污的又一有力举措。近年来，东莞市强化党委、政府治污的责任，由党政一把手担任"河长"，直接对河道的污染治理工程建设、工业污染管控、水环境改善、断面水质达标负第一领导责任。市政府建立完善河流水生态环境行政领导负责制的逐级考核制度，对连续两年考核不合格的"河长"实行"一票否决"。

2013 年 7 月，东莞被水利部确定为全国首批 45 个水生态文明建设试点城市之一。按照规划，东莞投入用于水污染防治的资金将超过 180 亿元。"世界工厂"的生态转型已经拉开大幕，也必将给对港供水提供更好保障。

（此稿刊登于 2015 年 5 月 28 日《中国水利报》要闻版，第 3635 期）

参考文献

［1］东深供水工程管理局.东江—深圳供水工程志［M］.广州：
广东人民出版社，1992.

［2］广东省地方史志编纂委员会.广东省志·水利志［M］.广州：
广东人民出版社，1995.

［3］广东省地方史志编纂委员会.广东省志·水利续志［M］.广州：
广东人民出版社，2003.

［4］何佩然.点滴话当年——香港供水一百五十年［M］.香港：商
务印书馆（香港）有限公司，2001.

跋

《供水丰碑——口述东深供水历史》一书，在众人期待中，终于出版发行。这是首部通过口述历史的形式，多角度、全景式解读东深供水工程的纪实类图书，将成为学习、宣传"时代楷模"东深供水工程建设者群体先进事迹的重要载体，也为全面了解对港供水打开一扇崭新窗口，值得庆贺。

从 2020 年底开始寻找口述者，到本书出版，历时近一年。

这一年，我们努力寻找散落在民间的 20 世纪 60 年代初以来东深供水工程建设管理的一块块记忆碎片，并把这些记忆碎片聚一起、秩序化、深加工、立起来，终成本书。

为了寻找记忆碎片，我们奔粤东、跑粤西、上粤北、南下珠三角，采访近 50 位当年参与东深供水工程建设的建设者和管理者。被采访者涵盖 1964 年东深供水首期工程建设者，20 世纪 70 年代至 2003 年东深供水三次扩建、改造工程的建设者，以及目前守护在对港供水第一线的工程管理者。年龄跨度从 21 岁到 101 岁。涉及的领域包括领导决策、勘测设计、施工建设、质量监督、科技攻关、管理守护等多个方面。经过采访录音整理、深度提炼加工，最后形成 30 余万字口述文稿。

本书文稿加工以东深供水工程建设管理这一主线为统领，编辑处理所有文稿，力求做到主题突出、内容多元、角度多维，故事感人，可读性强。全书既反映东深供水工程建设的艰辛历程，又体现建设者不畏艰苦、甘于付出的奉献精神；既以一种纪念的仪式感，致敬"时代楷模"东深供水工程建设者群体，也以记录的方式，留住建设者的风采。将来，寄希望它在代际更迭的接力路上鼓舞并激励更多的来者，投身水利事业，将东深供水的接力棒更好地传递下去，造福粤港人民。

在编辑出版本书的过程中，我们得到社会各界的大力支持，特别是东深供水工程各个时期的参建单位和人员、工程管理单位及相关人员、口述者及家属等，为本书提供了大量的资料和珍贵的照片；同时，本书中部分照片引自有关资料，均已在参考文献中一一列出，在此表示衷心的感谢。

此外，特别感谢中央电视台《国家记忆》栏目组、《时代楷模发布厅》栏目组、党建杂志社、中国水利报社、南方都市报社、凤凰卫视以及广东工业大学、广东粤港供水有限公司、广东省水利电力勘测设计研究院有限公司、广东省水利水电科学研究院、广东水电二局股份有限公司、广东省水利水电第三工程局有限公司等单位的大力支持与帮助。

在此，对所有关心此书并提供各种资料的单位和个人，致以最真挚的谢意。

编　者

2021 年 12 月